ELEMENS

DE

GEOMETRIE

PAR J. J. R

A MILAN

CHEZ JOSEPH MARELLI.

Avec aprobation des Supérieurs.

M. DCC. LXXIV.

PREFACE.

JE ne suis ni assez vain ni assez modeste, pour ambitionner le nom d'Auteur en imprimant des Elémens : je n'ai d'autre vûe que de me rendre utile . Il ne falloit rien moins qu'un motif aussi puissant, pour me soutenir contre les ennuis du travail obstiné à quoi je me suis condamné . Je présente au Public , le fruit de vingt ans de tentatives, d'essais, de réflexions, de corrections, &c. Je n'ai pas cru au dessous de moi, de consacrer à une entreprise aussi louable mes momens de loisir , lors même que j'étois ocupé par état , à dévélopper les mysteres sublimes de la Géométrie Nouvelle , dans une des premieres Universités de l'Europe . A mesure que j'ai multiplié mes recherches , je me suis toujours plus convaincu avec les Savans & les ignorans, que de bons Elémens de Géométrie , étoient un ouvrage encore à faire . Ceux que je publie , au premier coup d'œil ne préviendront guere en leur faveur ; un lecteur superficiel se persuadera aisément , qu'ils ne font qu'une répétition servile de ce qui a été dit il y a deux mille ans , par le Pere de la Géométrie . Quand même cela seroit, j'aurois toujours le mérite, de m'être affûré par une longue expérience, que la méthode d'Euclide eft préférable à toutes celles qu'on a prétendu lui fubftituer dans ces derniers tems : mais les connoiffeurs qui y regarderont de plus près, pourront être d'un avis différent. Ils n'ignorent pas les écueils qu'on a à éviter, & les difficultés qu'on a à furmonter, dans ce genre de compofition ; & ils reconnoîtront fans peine, que fans chercher à dire du neuf, j'ai cru fouvent devoir me frayer des routes inconnues jufqu'ici, & que j'ai franchi d'une maniere nouvelle & peut-être affez heureufe, des pas délicats qui font bien des fois le défefpoir des Maîtres & des Eleves. J'ai réduit à une centaine toutes les propofitions élementaires, qui peuvent être de quelque ufage dans un cours complet de Mathématiques. Un pareil choix exigeoit des connoiffances, du difcernement & des foins. Il ne me convient pas de décider, jufqu'à quel point il m'a été permis d'y réuffir : le Public fera mon juge ; & le fuccès de mon ouvrage fera le garant de fon jugement.

ELE-

ELEMENS

DE

GEOMETRIE.

DEFINITIONS.

1. LE *Solide* eſt ce qui a de la longueur, de la largeur & de l'épaiſſeur ; un livre, par exemple, eſt un ſolide parcequ'il eſt long, large & épais.

2. La *Surface* eſt ce qui a de la longueur & de la largeur, & qui n'a point d'épaiſſeur. Une feuille de papier très-mince, peut être conſidérée comme une ſurface.

3. La *Ligne* eſt ce qui a de la longueur, & qui n'a point de largeur, ni d'épaiſſeur. Un cheveu peut être regardé comme une ligne ; un fil bien tendu nous repréſente la ligne *Droite*.

4. Le *Point* n'a ni longueur, ni largeur, ni épaiſſeur. Un grain de ſable extremement fin, eſt une eſpece de point.

5. Si une ligne AB tourne au tour du point *F. 1.* A, de maniere que ſon extrémité aille de B en C, de C en D, &c. le point B décrira en tournant, une ligne courbe BCDFGLB.

6. Cette ligne courbe s'apelle *Circonférence* du cercle. Le *Cercle* eſt proprement l'eſpace renfermé par cette circonférence. Le point A s'apelle *Centre* du cercle. Toutes les lignes droites AC, AD, AF, &c.

&c. tirées du centre à la circonférence, s'apellent *Rayons*. Un *Diametre* est une ligne droite qui paſſe par le centre, & qui est terminée de part & d'autre à la circonférence ; la ligne DAL, par exemple, est un diametre. Un *Arc* est une partie de la circonférence, comme par exemple FG.

7. La circonférence du cercle ſe diviſe en 360 parties égales qu'on apelle *Dégrés ;* chaque dégré ſe diviſe en 60 parties qu'on apelle *Minutes ;* chaque minute ſe diviſe en 60 parties qu'on apelle *Secondes ;* &c.

8. Une grande circonférence n'a pas un plus grand nombre de dégrés qu'une petite circonférence : mais les dégrés de la grande circonférence ſont plus grands, & ceux de la petite ſont plus petits.

9. Deux lignes droites qui partent d'un même point, & qui vont s'écartant l'une de l'autre, for-

F. 2. ment une ouverture qu'on apelle *Angle.*

10. On déſigne ordinairement un angle par trois lettres ; & pour lors on met toujours au milieu la lettre qui marque le ſommet de l'angle. Par exemple, ſi on veut parler de l'angle de la figure ſeconde, on dit, l'angle BAC, & non pas l'angle ABC, ou ACB.

11. La grandeur d'un angle ne dépend pas de la longueur des lignes qui le forment ; prolongez tant que vous voudrez, la ligne AB vers D, & la ligne AC vers F, l'angle reſtera toujours le même ; c'eſt-à-dire, que l'angle DAF n'eſt pas plus grand que l'angle BAC.

12. Un angle eſt plus grand qu'un autre, ſi les lignes qui le forment ſont plus écartées. L'an-

F. 1. gle BAL eſt plus grand que l'angle CAB, parce que les lignes AB, AL ſont plus écartées que les lignes AC, AB. Si vous ouvrez un peu les branches d'un compas, elles forment un angle ; ſi vous les ouvrez davantage, l'angle devient plus grand ;

ſi

fi vous les raprochez, l'angle devient plus petit.

13. Si vous apuyez la pointe du compas au point G, & fi vous décrivez une circonférence NRP, l'arc NR compris entre les deux lignes GL, GM, mefurera la grandeur de l'angle LGM. Si l'arc NR eft, par exemple, de 40 dégrés, on dira que l'angle LGM eft de 40 dégrés. **F. 3.**

14. Il y a trois fortes d'angles ; l'angle *Droit* qui eft de 90 dégrés ; l'angle *Obtus* qui a plus de 90 dégrés, & l'angle *Aigu* qui a moins de 90 dé-grés.

15. Une ligne eft *Perpendiculaire* à une autre, fi elle fait avec elle deux angles égaux ; ainfi la ligne CD eft perpendiculaire à la ligne AB, fi les angles CDA, CDB font d'un égal nombre de dé-grés. **F. 4.**

16. Deux lignes font *Paralleles*, fi toutes les perpendiculaires tireés de l'une à l'autre font éga-les ; ainfi les lignes FG, AB font paralleles, fi toutes les perpendiculaires *c d*, *c d*, *c d*, &c. font égales. **F. 5.**

17. Le *Triangle* eft une furface renfermée par trois lignes droites qu'on apelle *Côtés*. Le trian-gle *Equilatéral* eft celui qui a les trois côtés égaux, comme ACB. Le triangle *Ifofcele* eft celui qui a feulement deux côtés égaux, comme BAC. Le trian-gle *Scalene* eft celui qui a les trois côtés inégaux, comme FDG. **F. 8.** **F. 7.** **F. 10.** **F. 9.**

18. Le *Quadrilatere* eft une furface renfermée par quatre lignes droites qu'on apelle côtés.

19. Le *Parallélogramme* eft un quadrilatere qui a les côtés opofés paralleles ; ainfi fi le côté BC eft parallele au côté AD, & le côté AB parallele au côté DC, le quadrilatere ABCD s'a-pellera parallélogramme. **F. 6.**

20. Le *Rectangle* eft un quadrilatere qui a tous les angles droits, comme ABCD. **F. 20.**

 21.

4

21. Le *Quarré* eſt un quadrilatere qui a les quatre angles droits, & les quatre côtés égaux, *F.28.* comme DBCF.

22. Le *Trapeze* eſt un quadrilatere irrégulier, *F.13.* comme BCAD.

23. On apelle figures *Egales*, celles qui renfer-*F. 3.* ment un eſpace égal; ainſi le cercle NPR & le *F. 9.* triangle FDG ſont des figures égales, ſi l'eſpace renfermé dans le cercle eſt égal à l'eſpace renfermé dans le triangle.

24. J'apelle figures *Identiques*, celles qui ſont égales en toutes leurs parties, c'eſt-à-dire, qui ont les angles égaux, les côtés égaux, & qui renfer-*F.8.9.* ment un eſpace égal, comme BAC, FDG.

25. On connoît que deux figures ſont identiques, ſi étant placées l'une ſur l'autre, elles quadrent parfaitement; car il eſt évident qu'alors elles ſont égales en toutes leurs parties.

26. Dans les élémens de Géometrie, lorſqu'on dit ſimplement, une ligne, on entend toujours une ligne droite.

27. AXIOME. Deux lignes droites, comme par *F. 2.* exemple AD, AF, ne peuvent pas renfermer un eſpace de toutes parts; il en faut au moins trois, *F. 8.* comme AB, AC, BC.

PROPOSITION I.

Tous les rayons d'un même cercle
ſont égaux entr'eux.

F. 1. DEMONSTRATION. Pour former le cercle BCDFGLB, nous avons dit qu'il falloit faire tourner la ligne AB au tour du point A. Or lorſque le point B en tournant eſt ſur le point C, toute la ligne AB ſe trouve ſur la ligne AC; ſans quoi deux lignes droites renfermeroient un eſpace, ce qui eſt impoſſible; le rayon AC eſt donc égal

à

à la ligne AB. On prouvera de la même maniere
que les rayons AD, AF, AG, &c. font auſſi égaux
à la ligne AB; ils font donc tous égaux entr'eux.

PROPOSITION II.

Tracer un triangle équilatéral
ſur une ligne donnée.

JE ſupoſe qu'on vous a donné la ligne AB, ſur la *F. 7.*
quelle vous devez former un triangle qui ait
les trois côtés égaux.

Pour cela apuyez la pointe du compas au point
A, & avec l'ouverture AB décrivez la circonférence BCD. Apuyez enſuite la pointe du compas
au point B, & avec l'ouverture BA décrivez la circonférence ACF. Enfin du point C où les deux
circonférences ſe coupent, tirez les deux lignes droites CA, CB; vous aurez formé un triangle ACB.
Or je dis que ce triangle a les trois côtés égaux,
& parconſéquent qu'il eſt équilatéral.

DEMONSTRATION. 1. La ligne CA eſt égale à
la ligne AB, parce que ces deux lignes ſont rayons
du même cercle BCD. 2. La ligne CB eſt égale à
la ligne AB, parce que ces deux lignes ſont rayons
du même cercle ACF. 3. Les lignes CA, CB ſont
égales entr'elles, parce qu'elles ſont toutes les deux
égales à la ligne AB. Ainſi le triangle ACB a
les trois côtés égaux; il eſt donc équilatéral.

PROPOSITION III.

Les triangles qui ont deux côtés & l'angle
compris égaux, ſont identiques.

SOient les deux triangles BAC, FDG. Si le cô- *F. 8. 9.*
té DF eſt égal au côté AB, le côté DG égal
au côté AC, & de plus l'angle D égal à l'angle
A; je dis que ces deux triangles ſont identiques.

A 3

DE-

DEMONSTRATION. Placez le triangle FDG fur le triangle BAC, de maniere que le côté DF tombe exactement fur fon égal AB. Puifque l'angle D eft égal à l'angle A, le côté DG tombera néceffairemenet fur fon égal AC. Ainfi le point F fera fur le point B, & le point G fur le point C; la ligne FG fera donc toute entiere fur la ligne BC; fans quoi deux lignes droites renfermeroient un efpace, ce qui eft impoffible. Les trois côtés du triangle FDG fe trouvent donc placés exactement fur les trois côtés du triangle BAC. Ces deux triangles ont donc les côtés égaux, les angles égaux, & renferment un efpace égal; ils font donc identiques.

PROPOSITION IV.

Dans un triangle ifofcele, les angles à la bafe font égaux.

F. 10. SOit le triangle BAC qui a les côtés AB, AC égaux; je dis que les angles B & C qu'on apelle angles *à la bafe*, font auffi égaux.

Pour la démonftration, imaginez une ligne droite AD, qui paffe par le milieu de l'angle A, & le divife en deux parties égales.

DEMONSTRATION. Dans les triangles BAD, DAC, les côtés AB, AC font égaux par la fupofition; le côté AD eft commun à tous les deux; les angles en A font égaux, puifque la ligne AD paffe par le milieu de l'angle A. Ces deux triangles ont donc deux côtés & l'angle compris égaux; ils font donc identiques; ils ont donc toutes les parties égales. Donc l'angle B & l'angle C font égaux.

PRO-

PROPOSITION V.

*Les triangles qui ont les trois côtés
égaux, font identiques.*

SOient les deux triangles ACB, FDG. Si le cô- *F.11.*
té AC eſt égal au côté FD, le côté CB égal 12.
au côté DG, & le côté AB égal au côté FG ; je
dis que ces deux triangles font identiques.

Joignez les deux triangles de maniere que le
côté FG ſe confonde avec le côté AB, comme on *F.13.*
voit dans la figure treizieme, & tirez la ligne
droite CD.

DEMONSTRATION. 1. Je conſidere d'abord le
triangle CAD ſans faire attention à la ligne AB,
& je dis ; puiſque le côté AC eſt égal au côté
AD, le triangle CAD eſt iſoſcele ; donc les angles
à la *baſe m, n* ſont égaux.

2. Je conſidere enſuite le triangle CBD, &
je dis ; puiſque le côté BC eſt égal au côté BD,
le triangle CBD eſt auſſi iſoſcele ; donc les angles
à la *baſe r, s* ſont égaux.

3. Puiſque l'angle *m* eſt égal à l'angle *n*, &
l'angle *r* égal à l'angle *s*, l'angle total C ſera égal
à l'angle total D.

4. Je conſidere enfin les deux triangles ACB,
ADB, & je dis ; le côté AC eſt égal au côté
AD ; le côté CB eſt égal au côté DB ; de plus
l'angle C eſt égal à l'angle D. Ces deux triangles ont donc deux côtés & l'angle compris égaux ;
ils ſont donc identiques .

PROPOSITION VI.

*Diviſer une ligne droite en deux
parties égales.*

SOit la ligne droite AB, qu'il faut diviſer en *F.14.*
deux parties égales.   Sur

Sur la ligne AB tracez le triangle équilatéral ADB, tracez de même par deſſous le triangle équilatéral AFB ; tirez ènſuite la droite DF. Je dis que AC eſt égal à CB, & par conſéquent que la ligne AB eſt diviſée en deux parties égales.

DEMONSTRATION. 1. Je conſidere d'abord les deux grands triangles DAF, DBF, & je dis ; le côté DA & le côté DB ſont égaux, parce qu'ils ſont côtés d'un triangle équilatéral ; les côtés AF, BF ſont égaux pour la même raiſon ; le côté DF eſt commun aux deux triangles. Ces deux triangles ont donc les trois côtés égaux ; ils ſont donc identiques ; ils ont donc toutes les parties égales ; & par conſéquent les deux angles en D ſont égaux.

2. Je conſidere maintenant les deux petits triangles ADC, CDB, & je dis ; le côté DA eſt égal au côté DB comme nous avons dit ; le côté DC eſt commun aux deux triangles ; de plus les deux angles en D ſont égaux. Ces deux triangles ont donc deux côtés & l'angle compris égaux ; ils ſont donc identiques. Donc AC eſt égal à CB.

PROPOSITION VII.

*D'un point donné hors d'une ligne droite,
tirer une perpendiculaire à cette ligne.*

F.15. SOit le point C, d'où il faut tirer une perpendiculaire à la ligne AB.

Apuyez la pointe du compas au point C, & décrivez un arc qui coupe la ligne AB en deux points, par exemple, F & G. Diviſez enſuite la ligne FG en deux parties égales, & tirez au point de diviſion D la ligne CD ; je dis que cette ligne CD eſt perpendiculaire à la ligne AB.

Pour la démonſtration, tirez les lignes CF, CG.

DEMONSTRATION. Dans les triangles FCD,

DCG, les côtés CF, CG font égaux, parce qu'ils font rayons d'un même cercle ; les côtés FD, DG font égaux, parceque FG a été divifé en deux parties égales ; le côté CD eft commun. Ces deux triangles ont donc les trois côtés égaux ; ils font donc identiques. Donc l'angle CDA eft égal à l'angle CDB ; & par conféquent la ligne CD eft perpendiculaire à la ligne AB.

PROPOSITION VIII.

D' un point donné dans une ligne droite, elever un perpendiculaire fur cette ligne.

SOit le point C, d'où il faut elever une per- *F.16.* pendiculaire fur la ligne droite AB.

Prenez à volonté avec le compas CF égal à CG ; enfuite fur la ligne FG, tracez un triangle équilatéral FDG ; & tirez la ligne CD ; je dis que cette ligne CD eft perpendiculaire à la ligne AB.

DEMONSTRATION. Dans les triangles FDC, CDG, les côtés DF, DG font égaux, parce qu'ils font côtés d'un triangle équilatéral ; les côtés FC, CG font égaux par la conftruction ; le côté DC eft commun. Ces deux triangles ont donc les trois côtés égaux ; ils font donc identiques. Donc l'angle DCA eft égal à l'angle DCB ; & par conféquent la ligne CD eft perpendiculaire à la ligne AB.

PROPOSITION IX.

Le diametre divife la circonférence en deux parties égales.

SOit le cercle ADBLA ; je dis que le diametre *F.17.* ACB divife la circonférence, de maniere que l'arc ALB eft égal à l'arc ADB.

Imaginez que l'on plie le cercle en deux, de

for-

forte que la furface inférieure **ACBLA** tombe fur la fupérieure **ACBDA**. Je vais faire voir que tous les points de l'arc **ALB**, tomberont exactement fur l'arc **ADB**, & par conféquent que ces deux arcs font égaux.

DEMONSTRATION. Si le point **L**, par exemple, ne tomboit pas fur l'arc **ADB**, il tomberoit ou en dehors vers **G**, ou en dedans vers **F**. S'il tomboit en **G**, le rayon **CL** feroit plus long que le rayon **CD**; s'il tomboit en **F**, le rayon **CL** feroit plus court que le rayon **CD**; ce qui eft impoffible. Le point **L** doit donc tomber fur l'arc **ADB**. Nous prouverons de la même maniere que tous les autres points de l'arc **ALB**, doivent auffi tomber fur l'arc **ADB**. Ces deux arcs font donc égaux.

PROPOSITION X.

Une ligne droite qui rencontre une autre droite,
forme avec elle deux angles qui
équivalent à deux droits.

F.18. **L**A ligne **AC** rencontrant la ligne **DF**, forme avec elle deux angles **ACD**, **ACF**; or je dis que ces deux angles pris enfemble équivalent à deux angles droits.

Du point **C** pris pour centre décrivez à volonté une circonférence **NGLMN**.

DEMONSTRATION. La ligne **NCL** eft un diametre; elle divife donc la circonférence en deux parties égales; l'arc **NGL** eft donc une demie circonférence qui contient 180 ou deux fois 90 dégrés. Ainfi les angles **ACD**, **ACF**, qui pris enfemble font mefurés par l'arc **NGL**, font de deux fois 90 dégrés. Ils équivalent donc à deux angles droits.

PRO-

PROPOSITION XI.

La Perpendiculaire forme des angles droits.

SI la ligne CD est perpendiculaire à la ligne AB ; *F.* 4. je dis que l'angle CDA est droit, de même que l'angle CDB.

DEMONSTRATION. La ligne CD rencontrant la ligne AB, forme avec elle deux angles CDA, CDB, qui équivalent à deux droits ; & puisque ces deux angles sont égaux à cause de la perpendiculaire CD, chacun en particulier vaudra un angle droit.

PROPOSITION XII.

Les angles oposés au sommet sont égaux.

SOient les lignes AB, DF, qui se coupent au *F.*18. point C ; les angles ACD, FCB sont ce qu' on apelle angles *oposés au sommet*. Or je dis que ces deux angles sont égaux.

Du point C pris pour centre décrivez à volonté une circonférence NGLMN.

DEMONSTRATION. La ligne NCL est un diametre ; l'arc NGL est donc une demie circonféren- ce. De même la ligne GCM est un diametre ; l'arc GLM est donc aussi une demie circonféren- ce. Ainsi les arcs NGL, GLM sont égaux. A ces deux arcs ôtez la partie commune GL ; il re- stera l'arc NG égal à l'arc LM ; & par consé- quent les angles ACD, FCB, qui sont mesurés par ces deux arcs, sont aussi égaux.

PRO-

PROPOSITION XIII.

*Si une ligne est perpendiculaire à une parallele,
elle est aussi perpendiculaire à l'autre parallele.*

F.19. SOient les deux paralleles AB, CD ; je dis que
si la ligne FG fait des angles droits avec la
parallele CD, elle fera aussi des angles droits avec
la parallele AB.

Prenez à volonté GC égal à GD ; au point
C & au point D elevez les perpendiculaires CA,
DB ; & tirez les lignes GA, GB.

DEMONSTRATION. 1. Je considere d'abord les
deux triangles ACG, BDG, & je dis ; puisque la
ligne AB est parallele à la ligne CD, les perpendiculaires CA, DB sont nécessairement égales,
comme nous avons vu dans les définitions. Les lignes CG, DG sont égales par la construction ; de
plus les angles C & D sont droits. Les deux
triangles ACG, BDG ont donc deux côtés &
l'angle compris égaux ; ils sont donc identiques.
Donc le côté GA est égal au côté GB, & l'angle m est égal à l'angle n.

2. Je passe maintenant aux triangles AGF,
FGB, & je dis ; le côté GA est égal au côté
GB, comme nous avons démontré ; le côté GF
est commun. De plus l'angle r est égal à l'angle
s ; car si des deux angles droits FGC, FGD, vous
ôtez les angles égaux m, n, il restera les angles
égaux r, s. Ainsi les triangles AGF, FGB ont
deux côtés & l'angle compris égaux ; ils sont donc
identiques. Les angles GFA, GFB sont donc
égaux, & par conséquent droits.

PROPOSITION XIV.

*Si une ligne est perpendiculaire à deux
autres lignes, ces deux autres lignes
font paralleles.*

SOit la ligne FG ; si elle fait des angles droits F.19.
avec la ligne AB, & avec la ligne CD ; je
dis que les deux lignes AB & CD font paralleles.

DEMONSTRATION. Si la ligne AB n'est pas
parallele à la ligne CD, on peut tirer par le point
F une autre ligne, par exemple NF, qui soit parallele à la ligne CD ; or je dis que cela est impossible. Car si la ligne NF étoit parallele à la
ligne CD, la ligne FG faisant des angles droits
avec la parallele CD, feroit aussi des angles droits
avec la parallele NF ; ce qui ne se peut, puisque
nous avons dit qu'elle faisoit des angles droits avec
la ligne AB.

PROPOSITION XV.

*Dans le rectangle, les côtés opofés
font paralleles.*

SOit le rectangle ABCD ; je dis que le côté BC F.20.
est parallele au côté AD, & le côté AB parallele au côté DC.

Prolongez tous les côtés de part & d'autre.

DEMONSTRATION. La ligne AB est perpendiculaire aux deux lignes BC, AD ; les deux lignes BC, AD font donc paralleles. De même la
ligne AD est perpendiculaire aux deux lignes AB,
DC ; les deux lignes AB, DC font donc paralleles.

PRO-

PROPOSITION XVI.

Dans le rectangle, les côtés opofés font égaux.

F.20. SOit le rectangle ABCD ; je dis que le côté AB eſt égal au côté DC, & le côté BC égal au côté AD.

DEMONSTRATION. Le côté BC eſt parallele au côté AD ; donc les perpendiculaires AB, DC font égales. De même le côté AB eſt parallele au côté DC ; donc les perpendiculaires BC, AD font égales.

PROPOSITION XVII.

Les paralleles forment les angles alternes égaux.

F.21. SOient les paralleles AB, CD coupées par la ligne FG ; les angles *r*, *s* font ce qu'on apelle angles *alternes*. Or je dis qu'ils font égaux.

Du point G tirez une perpendiculaire à la ligne AB ; & du point F tirez une perpendiculaire à la ligne CD.

DEMONSTRATION. 1. Puiſque la ligne GL eſt perpendiculaire à la parallele AB, elle ſera auſſi perpendiculaire à l'autre parallele CD. De même puiſque la ligne FM eſt perpendiculaire à la parallele CD, elle ſera auſſi perpendiculaire à l'autre parallele AB. Ainſi le quadrilatere GLFM eſt un rectangle, puiſqu'il a les quatre angles droits.

2. Dans les triangles GLF, FMG, les côtés LF, GM font égaux, parce qu'ils font côtés opofés d'un même rectangle ; les côtés LG, FM font égaux pour la même raiſon ; le côté FG eſt commun. Les deux triangles GLF, FMG ont donc les trois côtés égaux ; ils font donc identiques. Donc l'angle *r* opoſé au côté LG eſt égal à l'angle *s* opoſé au côté FM.

RE-

REMARQUE. Dans les triangles identiques, les angles égaux font toujours opofés aux côtés égaux, comme on a pu l'obferver jufqu' à préfent.

PROPOSITION XVIII.

Les lignes qui forment les angles alternes égaux, font paralleles.

SI les angles alternes *r*, *s* font égaux ; je dis *F.21.* que les lignes AB, CD font paralleles.

DEMONSTRATION. Si la ligne AB n'eft pas parallele à la ligne CD, on peut par le point F tirer une autre ligne, par exemple NF, qui foit parallele à CD ; or je dis que cela eft impoffible. Car fi NF étoit parallele à CD, l'angle *s* feroit égal à l'angle NFG, puifque ces deux angles feroient alternes entre deux paralleles ; ce qui ne fe peut, puifque l'angle *s* eft égal à l'angle *r*.

PROPOSITION XIX.

Les paralleles forment les angles alternes du même côté égaux.

SOient les lignes paralleles BA, DC, qui ren- *F.22.* contrent la ligne FG ; les angles *r*, *z* font ce qu'on apelle angles *alternes du même côté;* or je dis que ces deux angles font égaux.

Prolongez les lignes BA, DC.

DEMONSTRATION. L'angle *r* eft égal à l'angle *s*, parceque ces deux angles font alternes entre deux paralleles ; l'angle *s* eft égal à l'angle *z*, parceque ces deux angles font opofés au fommet ; l'angle *r* eft donc eft égal à l'angle *z*.

PROPOSITION XX.

*Les lignes qui forment les angles
alternes du même. côté égaux,
font paralleles.*

F.22. SI les angles alternes du même côté *r*, *z* font
égaux ; je dis que les lignes BA, DC font paralleles.

DEMONSTRATION. L'angle *r* eft ègal à l'angle
z par la fupofition ; l'angle *z* eft égal à l'angle *s*,
parceque ces deux angles font opofés au fommet.
Les angles alternes *r*, *s* font donc égaux ; & par
conféquent les lignes BA, DC font paralleles.

PROPOSITION XXI.

*Par un point donné, tirer une parallele
à une ligne donnée.*

F.23. SOit le point G, par où il faut faire paffer une
ligne parallele à la ligne donnée MF.

Apuyez la pointe du compas au point G, &
décrivez un arc FN. Apuyez enfuite la pointe du
compas au point F, & avec la même ouverture
FG, décrivez l'arc GM ; aprés quoi prenez avec
le compas FL égal à GM, & tirez la ligne GL ;
je dis que cette ligne GL eft parallele à la ligne
MF.

Pour la démonftration tirez la ligne GF.

DEMONSTRATION. Les arcs GM, FL font
égaux ; les angles alternes *r*, *s* qui font mefurés
par ces arcs, font donc auffi égaux. Donc les lignes GL, MF font paralleles.

PROPOSITION XXII.

*Les trois angles d'un triangle équivalent
à deux angles droits.*

SOit le triangle BAC ; je dis que les trois an- F.24.
gles B, A, C équivalent à deux angles droits.

Prolongez de part & d'autre le côté BC ; faites paffer par le point A une ligne FG parallele
à BC ; & du point A pris pour centre décrivez
une circonférence LMN.

DEMONSTRATION. 1. L'angle B eft égal à
l'angle *x*, parceque ces angles font alternes entre
deux paralleles. L'angle C eft égal à l'angle *y*
pour la même raifon.

2. La ligne LAN eft un diametre ; donc l'arc
LMN eft une demie circonférence : ainfi les trois
angles *x*, A, *y* qui font mefurés par cet arc, équivalent à deux droits.

3. A la place de l'angle *x* mettez l'angle B
qui lui eft égal, & à la place de l'angle *y* mettez l'angle C qui lui eft égal ; vous aurez les trois
angles B, A, C qui équivalent à deux angles
droits.

COROLLAIRE. Il fuit de ce que nous venons
de démontrer, que fi dans un triangle on connoît
deux angles, on connoît par la même le troifieme ;
puifque le troifieme angle eft ce qui manque aux
deux autres pour faire deux angles droits.

PROPOSITION XXIII.

*Si deux triangles ont deux angles égaux,
ils ont auffi le troifieme angle égal.*

SOient les deux triangles BAC, FDG. Si l'angle F.8.9.
B eft égal à l'angle F, & l'angle A égal à
l'angle D ; je dis que l'angle C fera auffi égal à
l'angle G.   B   DE-

DEMONSTRATION. L'angle C eſt ce qui manque aux angles B & A pour faire deux angles
droits ; l'angle G eſt de même ce qui manque aux
angles F & D pour faire deux droits ; & puiſque
les angles B & A ſont égaux aux angles F & D,
il faut néceſſairement que l'angle C ſoit égal à
l'angle G.

PROPOSITION XXIV.

Dans un triangle quelconque, l'angle extérieur eſt
égal aux deux intérieurs opoſés pris enſemble.

F.24. SOit le triangle BAC ; prolongez un des côtés,
par exemple BC. L'angle *r* eſt ce qu'on apelle angle *extérieur* ; & les angles B & A s'apellent angles *intérieurs opoſés* ; or je dis que l'angle
r eſt égal aux deux angles B & A pris enſemble.

DEMONSTRATION. La ligne AC rencontrant
la ligne BD, forme avec elle deux angles qui équivalent à deux droits ; l'angle *s* eſt donc ce qui
manque à l'angle *r* pour faire deux droits : mais
l'angle *s* eſt auſſi ce qui manque aux angles B &
A pour faire deux droits. Donc l'angle *r* eſt égal
aux deux angles B & A pris enſemble.

PROPOSITION XXV.

Les triangles qui ont deux angles & le
côté compris égaux, ſont identiques.

F.8.9. SOient les deux triangles BAC, FDG. Si l'angle F eſt égal à l'angle B, l'angle G égal à
l'angle C, & de plus le côté FG égal au côté
BC ; je dis que ces deux triangles ſont identiques.

DEMONSTRATION. Placez le triangle FDG
ſur le triangle BAC, de maniere que le côté FG
tombe exactement ſur ſon égal BC. Puiſque l'angle F eſt égal à l'angle B, le côté FD tombera
né-

néceſſairement ſur le côté BA ; & puiſque l'angle G eſt égal à l'angle C, le côté GD tombera néceſſairement ſur le côté CA. Ainſi les trois côtés du triangle FDG ſeront placés exactement ſur les trois côtés du triangle BAC. Ces deux triangles ſont donc identiques.

PROPOSITION XXVI.

Si un triangle a deux angles égaux,
les côtés opoſés à ces angles
ſont auſſi égaux.

SOit le triangle BAC. Si les angles B & C ſont F.10.
égaux, je dis que les côtés AB, AC ſont auſſi égaux.

Imaginez une ligne AD qui paſſe par le milieu de l'angle A, & le diviſe en deux parties égales.

DEMONSTRATION. Dans les triangles BAD, DAC, l'angle B eſt égal à l'angle C par la ſupoſition ; les angles en A ſont auſſi égaux. Ces deux triangles ont donc deux angles égaux ; le troiſieme angle ſera donc encore égal. Ainſi les angles en D ſont égaux. De plus le côté AD eſt commun aux deux triangles ; ces deux triangles ont donc deux angles & le côté compris égaux ; ils ſont donc identiques. Donc le côté AB eſt égal au côté AC.

PROPOSITION XXVII.

Dans le parallélogramme, les côtés opoſés
ſont égaux.

SOit le parallélogramme ABCD ; je dis que le F. 6.
côté AB eſt égal au côté DC, & le côté BC égal au côté AD.

Tirez la ligne BD, qu'on apelle *Diagonale.*
DEMONSTRATION. Puiſque BC eſt parallele à

AD, les angles alternes *m*, *n* font égaux. De même puifque AB eft parallele à DC, les angles alternes *r*, *s* font égaux. De plus le côté BD eft commun aux deux triangles BAD, BCD. Ces deux triangles ont donc deux angles & le côté compris égaux, ils font donc identiques. Ainfi le côté AB opofé à l'angle *n*, eft égal au côté DC opofé à l'angle *m*; & le côté BC opofé à l'angle *s*, eft égal au côté AD opofé à l'angle *r*.

COROLLAIRE. Il fuit de ce que nous venons de dire que la diagonale divife le parallélogramme en deux parties égales.

PROPOSITION XXVIII.

Les Parallélogrammes qui font entre les mêmes paralleles & qui ont la même bafe, font égaux.

F.25. SOient les deux parallélogrammes ABCD, AFGD entre les mêmes paralleles BG, AM & fur la même bafe AD; je dis que l'efpace renfermé dans le parallélogramme ABCD, eft égal à l'efpace renfermé dans le parallélogramme AFGD.

DEMONSTRATION. 1. Je confidere d'abord les deux triangles BAF, CDG, & je dis; le côté BA du premier triangle eft égal au côté CD du fecond triangle, parce qu'ils font côtés opofés d'un même parallélogramme. Le côté FA du premier triangle eft égal au côté GD du fecond triangle pour la même raifon. De plus BC eft égal à AD, parcequ'ils font auffi côtés opofés d'un même parallélogramme; AD eft égal à FG pour la même raifon; BC eft donc égal à FG. Si vous ajoutez à tous les deux CF, vous aurez BF égal à CG. Ainfi les deux triangles BAF, CDG ont les trois côtés égaux; ils font donc identiques; & par conféquent ils ont des furfaces égales.

2. Si

2. Si vous ôtez à ces deux furfaces le petit triangle CLF qui leur eft commun, il reftera le trapeze ABCL égal au trapeze LFGD. Si à ces deux trapezes égaux vous ajoutez le triangle ALD, vous aurez le parallélogramme ABCD égal au parallélogramme AFGD.

PROPOSITION XXIX.

Si un parallélogramme & un triangle font entre les mêmes paralleles & ont la même bafe, le triangle eft égal à la moitié du parallélogramme.

SOient le parallélogramme ABCD & le trian- *F.26.* gle AFD entre les mêmes paralleles BG, AL & fur la même bafe AD ; je dis que le triangle eft égal à la moitié du parallélogramme.

Tirez DG parallele à AF.

DEMONSTRATION. Le parallélogramme AFGD eft divifé en deux parties égales par la diagonale FD ; le triangle AFD eft donc la moitié du parallélogramme AFGD : mais le parallélogramme AFGD eft égal au parallélogramme ABCD, parceque ces deux parallélogrammes font entre les mêmes paralleles & ont la même bafe ; le triangle AFD eft donc égal à la moitié du parallélogramme ABCD.

PROPOSITION XXX.

Les parallélogrammes qui font entre les mêmes paralleles & qui ont des bafes égales, font égaux.

SOient les deux parallélogrammes ABCD, LFGM *F.27.* entre les mêmes paralleles BG, AM & avec des bafes égales AD, LM ; je dis que ces deux parallélogrammes ont des furfaces égales.

Tirez les lignes AF, DG. DE-

DEMONSTRATION. Le parallélogramme **ABCD** est égal au parallélogramme **AFGD**, parceque ces deux parallélogrammes font entre les mêmes paralleles, & qu'ils ont la même bafe **AD**. Le parallélogramme **AFGD** est égal au parallélogramme **LFGM**, parce que ces deux parallélogrammes font entre les mêmes paralleles & ont la même bafe **FG**. Le parallélogramme **ABCD** est donc égal au parallélogramme **LFGM**.

REMARQUE. On pourroit demander fi les lignes **AF**, **DG** font paralleles. Je réponds qu'oui. Car fi la ligne **DG** n'étoit pas parallele à la ligne **AF**, on en pourroit tirer une autre du point **D**, qui feroit parallele ; & alors **FG** deviendroit plus grand ou plus petit que **AD**. Ce qui est impoffible ; car les côtés opofés d'un parallélogramme ne feroient plus égaux.

PROPOSITION XXXI.

Les triangles qui font entre les mêmes
paralleles & ont des bafes
égales, font égaux.

F.27. SOient les deux triangles **ABD**, **LFM** entre les mêmes paralleles **BG**, **AM** & fur des bafes égales **AD**, **LM** ; je dis que ces deux triangles ont des furfaces égales.

Tirez **DC** parallele à **AB**, & **MG** parallele à **LF**.

DEMONSTRATION. Les deux parallélogrammes **ABCD**, **LFGM** font égaux, parce qu'ils font entre les mêmes paralleles, & qu'ils ont des bafes égales. Mais le triangle **ABD** est la moitié du premier parallélogramme, & le triangle **LFM** est la moitié du fecond parallélogramme. Ces deux triangles font donc égaux.

PRO-

PROPOSITION XXXII.

Dans un triangle rectangle, le quarré de l'hypoténuse est égal aux quarrés des deux côtés pris ensemble.

ON apelle *Triangle Rectangle*, celui qui a un F.28. angle droit ; & le côté opofé à l'angle droit s'apelle *Hypoténufe*.

Soit donc le triangle BAC, dont l'angle A est droit. Formez fur l'hypoténufe BC un quarré BDFC, fur le côté AB un quarré ALMB, & fur le côté AC un quarré ARNC ; je dis que le quarré BDFC tout feul, est égal aux deux quarrés ALMB, ARNC pris enfemble.

Pour la démonftration tirez les droites MC, AD, & AG parallele à BD.

DEMONSTRATION. 1. Le Quarré ou parallélogramme MLAB & le triangle MCB font entre les mêmes paralleles LC, MB & ont la même bafe MB. Le triangle est donc égal à la moitié du quarré.

2. Le rectangle ou parallélogramme DGPB & le triangle DAB font entre les mêmes paralleles GA, DB & ont la même bafe DB. Le triangle est donc égal à la moitié du rectangle.

3. Les triangles MBC, ABD font identiques. Car le côté MB du premier triangle, est égal au côté AB du fecond triangle, parce qu'ils font côtés d'un même quarré. De même le côté BC du premier triangle, est égal au côté BD du fecond triangle, parce qu'ils font côtés d'un même quarré. De plus les angles compris entre ces côtés font égaux ; car l'angle MBC du premier triangle, est compofé d'un angle droit & du petit angle x ; & l'angle ABD du fecond triangle, est auffi compofé d'un angle droit & du petit angle x. Ainfi les

les deux triangles MBC, ABD ont deux côtés
& l'angle compris égaux. Ils font donc identiques,
& par conféquent égaux.

4. Le triangle MBC eſt la moitié du quarré
MLAB, & le triangle ABD eſt la moitié du rectangle BDGP. Le quarré & le rectangle font
donc égaux.

5. On démontrera de la même maniere que
le quarré ARNC & le rectangle CFGP font
égaux. D'où il ſuit que le quarré BDFC tout ſeul,
eſt égal aux deux quarrés MLAB, ARNC pris
enſemble.

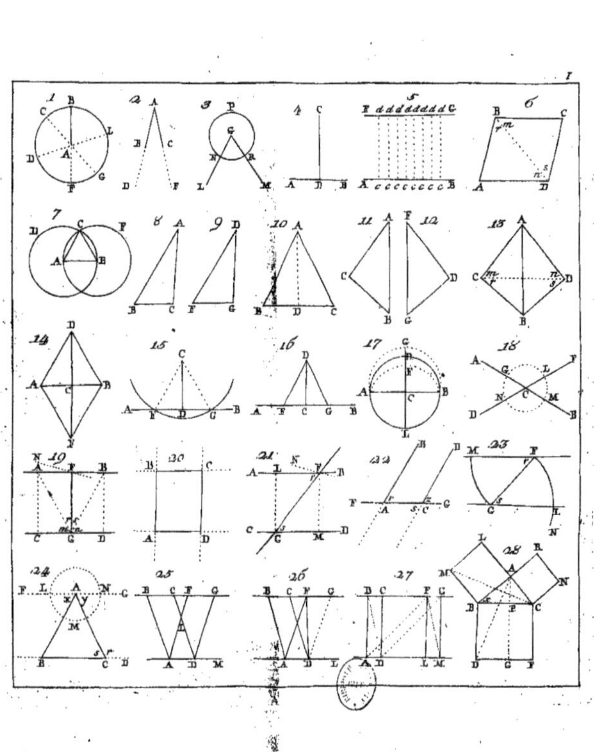

DU CERCLE.

DEFINITIONS.

1. UNe droite AB terminée de part & d'autre *F.29.*
à la circonférence, s'apelle *Corde*.

2. Une ligne AB qui touche la circonférence *F.33.*
en un seul point T, s'apelle *Tangente*; & le
point T s'apelle *Point de Contact*.

3. Un angle ABD dont le sommet B se trou- *F.29.*
ve dans la circonférence, s'apelle *Angle à la Cir-*
conférence.

4. Une portion de cercle ACBFA enfermée *F.30.*
entre deux rayons, s'apelle *Secteur*.

5. Une portion de cercle AGBDA terminée *F.31.*
par une corde, s'apelle *Segment de Cercle*.

PROPOSITION XXXIII.

Faire passer une circonférence par trois points donnés.

SOient donnés les trois points A, B, D, par les *F.29.*
quels il faut faire passer une circonférence.

Tirez les droites AB, BD, que vous diviserez en deux parties égales; aux points de division
F, G elevez les perpendiculaires FC, GC. Apuyez ensuite la pointe du compas au point C où
les deux perpendiculaires se coupent; & avec l'ouverture CA décrivez une circonférence; je dis qu'
elle passera par le point B & par le point D.

Pour la démonstration tirez les droites CA,
CB, CD.

DEMONSTRATION. 1. Dans les triangles CFA,
CFB, le côté FA est égal au côté FB par la construction; le côté FC est commun; les deux angles

C

en

en F font droits. Ces deux triangles ont donc deux côtés & l'angle compris égaux ; ils font donc identiques. Donc le côté CB eft égal au côté CA.

2. Les triangles CGB, CGD font auffi identiques pour la même raifon ; le côté CD eft donc égal au côté CB , & par conféquent égal au côté CA.

3. Puifque les droites CB, CD font égales à la droite CA , il eft évident que la circonférence qui paffe par le point A , doit néceffairement paffer par le point B & par le point D.

PROPOSITION XXXIV.

Si un rayon coupe une corde en deux parties égales, il eft perpendiculaire à cette corde.

F.30. SI le rayon CF coupe la corde AB en deux parties égales ; je dis que les angles CDA, CDB font droits.

Pour la démonftration, tirez les rayons CA, CB.

DEMONSTRATION. Dans les triangles CDA, CDB, les côtés CA, CB font égaux, parce qu'ils font rayons d'un même cercle ; les côtés AD, DB font égaux par la fupofition ; le côté CD eft commun. Ces deux triangles ont donc les trois côtés égaux ; ils font donc identiques. Donc les angles CDA, CDB font égaux, & par conféquent droits.

COROLLAIRE. Les deux angles en C font auffi égaux. Ainfi l'on voit que pour divifer un angle quelconque ACB en deux parties égales, du fommet C pris pour centre, il faut décrire un arc AFB, divifer la corde AB en deux parties égales, & tirer enfuite au point de divifion D la droite CD.

PROPOSITION XXXV.

Trouver le centre d'un cercle.

SOit le cercle AGBF, dont il faut trouver le centre.

Tirez une corde quelconque AB ; divisez la en F.31. deux parties égales, & par le point de division **D** tirez une perpendiculaire FG ; je dis que la ligne FG paffe par le centre, & que par conféquent, fi on la divife en deux parties égales, on aura le centre au point de divifion **C**.

DEMONSTRATION. Si le centre du cercle n'eft pas dans la ligne FG, il fera dans quelqu' autre endroit, par exemple, au point L. Or je dis que cela eft impoffible ; car fi le centre étoit au point L, la droite LM feroit un rayon ; & puifqu' elle coupe en deux parties égales la corde AB, elle feroit perpendiculaire à AB ; ce qui ne fe peut, puifque CD eft perpendiculaire à AB.

PROPOSITION XXXVI.

Trouver le centre d'un arc.

SOit l'arc ABDF, dont il faut trouver le cen- F.32. tre.

Tirez deux cordes quelconques AB, DF, divifez les en deux parties égales, & des points de divifion M, L, elevez les perpendiculaires MC, LC. Je dis que le point C où les deux perpendiculaires fe coupent, eft le centre de l'arc.

DEMONSTRATION. Par la propofition précédente, la perpendiculaire MC paffe per le centre de même que la perpendiculaire LC. Le centre eft donc au point C, qui eft le feul point commun aux deux perpendiculaires.

C 2   PRO-

PROPOSITION XXXVII.

*Si trois lignes égales partent d'un même point
& se terminent à la circonférence,
elles sont rayons du cercle.*

F.29. JE dis que si les lignes CA, CB, CD sont égales, le point C est le centre du cercle.

Tirez les lignes AB, BD, que vous diviserez
en deux parties égales ; & tirez aux points de division F, G les lignes CF, CG.

DEMONSTRATION. 1. Dans les triangles CFA,
CFB, les côtés CA, CB sont égaux par la supo-
sition ; les côtés FA, FB sont égaux par la construction ; le côté CF est commun ; ces deux triangles
ont donc les trois côtés égaux ; ils sont donc identiques. Donc les deux angles en F sont égaux ;
donc la ligne FC est perpendiculaire à la corde AB ;
& puisqu'elle part du milieu de la corde, elle passe nécessairement par le centre du cercle.

2. On démontrera de la même maniere, que
la ligne GC passe aussi par le centre. Donc le centre du cercle est au point C.

PROPOSITION XXXVIII.

*Si un rayon est perpendiculaire à une corde,
il la coupe en deux parties égales,
de même que l'arc de cette corde.*

F.30. SI le rayon CF est perpendiculaire à la corde AB ;
je dis que la droite AD est égale à la droite
DB, & l'arc AF égal à l'arc FB.

Tirez les droites CA, CB.

DEMONSTRATION. 1. Dans le grand triangle
ACB, le côté CA est égal au côté CB, parce qu'
ils sont rayons d'un même cercle ; l'angle A est
donc égal à l'angle B.

2. Dans les deux petits triangles CDA, CDB,
l'an-

l'angle A eſt égal à l'angle B ; les angles en **D** ſont droits, & par conſéquent égaux ; les angles en C feront donc auſſi égaux. De plus le côté CA eſt égal au côté CB ; & le côté CD eſt commun aux deux triangles. Ces deux triangles ont donc deux côtés & l'angle compris égaux ; ils ſont donc iden‑tiques. Donc le côté AD eſt égal au côté DB.

3. Puiſque les angles ACF, BCF ſont égaux, les arcs AF, BF qui meſurent ces angles, ſont auſſi égaux.

PROPOSITION XXXIX.

Si une ligne eſt perpendiculaire à l'extrémité d'un rayon, elle eſt tangente au cercle.

SI la ligne AB paſſe par l'extrémité du rayon *F.33.* CT, de maniere que les angles CTA, CTB ſoient droits ; je dis que cette ligne AB touche la circonférence en un feul point T. Je vais faire voir, par exemple, que le point D ne touche pas la circonférence ; on pourra dire la même choſe de tous les autres points.

Tirez la droite CD.

DÉMONSTRATION. Dans le triangle CTD, le quarré de l'hypoténuſe CD eſt égal aux deux quarrés de CT & de TD, pris enſemble. Le quar‑ré de CD eſt donc plus grand que le quarré de CT tout feul ; & par conſéquent la ligne CD eſt plus longue que le rayon CT. Donc le point D ne tou‑che pas la circonférence.

COROLLAIRE. De ce que nous venons de dé‑montrer, il fuit que la perpendiculaire eſt la ligne la plus courte qu'on puiſſe tirer d'un point à une ligne ; puiſque la perpendiculaire CT eſt plus cour‑te que toutes les autres lignes qu'on peut tirer du point C à la ligne AB.

PROPOSITION XL.

*Le rayon tiré au point de contact, est perpendiculaire
à la tangente.*

F.33. SOit la ligne AB qui touche la circonférence en
un seul point T ; je dis que le rayon CT est
perpendiculaire à la ligne AB.

DEMONSTRATION. Toutes les autres lignes tirées du point C à la ligne AB, doivent sortir du
cercle pour arriver à cette ligne AB ; la ligne
CT est donc la plus courte ; donc elle est perpendiculaire à la ligne AB.

PROPOSITION XLI.

*L'angle formé par une tangente & une corde,
a pour mesure la moitié de l'arc
de cette corde.*

F.34. SOit la tangente BTA, & la corde TD tirée du
point de contact T ; je dis que l'angle ATD
est mesuré par la moitié de l'arc TFD, & l'angle
BTD mesuré par la moitié de l'arc TGD.

Tirez au point de contact le rayon CT, &
le rayon CF perpendiculaire à la corde TD.

DEMONSTRATION. 1. Le rayon CF étant perpendiculaire à la corde TD, divise l'arc TFD en
deux parties égales. TF est donc la moitié de l'arc
TFD.

2. Dans le triangle CML, l'angle M étant
droit, les deux autres angles C, L valent aussi
un angle droit ; de sorte que l'angle C est ce qui
manque à l'angle L pour valoir un angle droit.
D'un autre côté, puisque le rayon CT est perpendiculaire à la tangente BA, l'angle ATD est aussi
ce qui manque à l'angle L pour valoir un angle
droit. Donc l'angle ATD est égal à l'angle C :

mais

mais l'angle **C** a pour mesure l'arc **TF**, moitié de l'arc **TFD**; donc l'angle **ATD** a aussi pour mesure la moitié de l'arc **TFD**.

3. La ligne **TD** forme avec la ligne **BA** deux angles **ATD**, **BTD** qui équivalent à deux angles droits, & qui par conséquent ont pour mesure la moitié de la circonférence : mais l'angle **ATD** a pour mesure la moitié de l'arc **TFD**; il faut donc nécessairement que l'angle **BTD** ait pour mesure la moitié de l'arc **TGD**; puisque ces deux moitiés d'arc font une demie circonférence .

PROPOSITION XLII.

L'angle à la circconférence, a pour mesure
la moitié de l'arc sur le quel
il est apuyé.

SOit l'angle à la circonférence **CTD**; je dis qu' *F.35.* il a pour mesure la moitié de l'arc **CFD** sur le quel il est apuyé.

Imaginez une tangente qui passe par le point **T**.
DEMONSTRATION. Les trois angles en **T** font mesurés par une demie circonférence, comme nous avons vu ailleurs : mais l'angle **ATD** est mesuré par la moitié de l'arc **TD**, & l'angle **BTC** est mesuré par la moitié de l'arc **TC**; il faut donc que l'angle **CTD** soit mesuré par la moitié de l'arc **CFD**; puisque ces trois moitiés d'arc font une demie circonférence.

PROPOSITION XLIII.

L'angle au centre est double de l'angle
à la circonférence.

SOient l'angle à la circonférence **ADB**, & l'angle *F.36.* qui a son sommet au centre **ACB**, tous les deux
apu- .

C 4

apuyés fur le même arc AB ; je dis que l'angle
ACB eft double de l'angle ADB.

DEMONSTRATION. L'angle ACB a pour mefure l'arc AB ; l'angle ADB a pour. mefure la
moitié du même arc AB ; l'angle ACB eft donc
double de l'angle ADB..

PROPOSITION XLIV.

Décrire fur une ligne donnée, un fegment de cercle,
capable d'un angle donné.

F.37. SOit une ligne donnée AB, & un angle donné
G ; il s'agit de faire paffer par le point A &
par le point B, une circonférence, telle que l'angle D foit égal à l'angle G.

Pour cela, tirez les lignes AL, BL, de maniere que les angles A & B foient égaux à l'angle
G ; à l'extrémité de LA & de LB elevez les perpendiculaires AC, BC. Enfuite du point C où les
deux perpendiculaires fe coupent , & à la diftance
CA ou CB, décrivez la circonférence ADB ; je
dis que l'angle D eft égal à l'angle G.

DEMONSTRATION. L'angle LAB formé par
la tangente AL & la corde AB, eft mefuré par la
moitié de l'arc AFB ; l'angle D à la circonférence eft auffi mefuré par la moitié de l'arc AFB ;
l'angle D eft donc égal à l'angle LAB : mais l'angle LAB a été fait égal à l'angle G ; l'angle D eft
donc égal à l'angle G.

PROPOSITION XLV.

Dans un triangle , un plus grand côté eft opofé
à un plus grand angle, & un plus grand
angle à un plus grand côté.

F.38. SOit le triangle ABC ; je dis 1. que fi le côté
AB eft plus grand que le côté AC, l'angle C
opofé

opofé au côté AB , fera plus grand que l'angle B opofé au côté AC.

Faites paffer une circonférence par les trois points A, C, B.

DÉMONSTRATION. Puifque la corde AB eft plus grande que la corde AC, il eft clair que l'arc ADB eft plus grand que l'arc AFC ; & par conféquent l'angle à la circonférence C , qui eft mefuré par la moitié de l'arc ADB, eft plus grand que l'angle à la circonférence B , qui eft mefuré par la moitié de l'arc AFC.

Je dis 2. que fi l'angle C eft plus grand que l'angle B , le côté AB opofé à l'angle C , fera plus grand que le côté AC opofé à l'angle B.

DÉMONSTRATION. L'angle C eft mefuré par la moitié de l'arc ADB, & l'angle B par la moitié de l'arc AFC : mais l'angle C eft plus grand que l'angle B ; l'arc ADB eft donc plus grand que l'arc AFC ; & par conféquent la corde AB eft plus grande que la corde AC.

PROPOSITION XLVI.

Deux cordes paralleles interceptent des arcs égaux.

SI les deux cordes AB, CD font paralleles ; je dis que les arcs AC, BD font égaux. *F.39.*

Tirez la droite BC.

DÉMONSTRATION. A caufe des paralleles AB, CD, les angles alternes ABC, BCD font égaux : mais l'angle à la circonférence ABC, a pour mefure la moitié de l'arc AC ; & l'angle à la circonférence BCD, a pour mefure la moitié de l'arc BD ; les arcs AC, BD font donc égaux.

PRO-

PROPOSITION XLVII.

Une tangente & une corde paralleles intercepten des arcs égaux.

F.39. SI la tangente FG eſt parallele à la corde AB; je dis que l'arc TA & l'arc TB ſont égaux.

Tirez la droite TA.

DEMONSTRATION. Les angles alternes FTA, TAB ſont égaux à cauſe des paralleles FG, AB: mais l'angle FTA formé par une tangente & par une corde, eſt meſuré par la moitié de l'arc TA; & l'angle à la circonférence TAB, eſt meſuré par la moitié de l'arc TB; les arcs TA, TB ſont donc égaux.

PROPOSITION XLVIII.

L'angle formé par l'interſection de deux cordes, eſt meſuré par la moitié des deux arcs interceptés par ces deux cordes.

F.40. SOient les deux cordes AB, DF qui ſe coupent au point C; je dis que l'angle FCB ou bien ACD eſt meſuré par la moitié des deux arcs FB, AD.

Tirez AG parallele à DF.

DEMONSTRATION. 1. A cauſe des paralleles AG, DF, les angles alternes du même côté GAB, FCB ſont égaux: mais l'angle à la circonférence GAB, eſt meſuré par la moitié de l'arc GFB; l'angle FCB eſt donc auſſi meſuré par la moitié de l'arc GFB.

2. A cauſe des cordes paralleles AG, DF, les arcs GF, AD ſont égaux; on peut donc à la place de GF mettre AD. Donc l'angle FCB eſt meſuré par la moitié de l'arc AD, & la moitié de l'arc FB.　　　　PRO-

PROPOSITION XLIX.

*L'angle formé par deux sécantes, a pour mesure
la moitié de la différence des deux
arcs interceptés.*

SOit l'angle CAB formé par les deux sécantes F.41.
AC, AB ; je dis qu'il a pour mesure la moitié de la différence des deux arcs GD, CB interceptés par les deux sécantes.

Tirez DF parallele à AC.

DEMONSTRATION. 1. A cause des paralleles
AC, DF, les angles alternes du même côté CAB,
FDB font égaux : mais l'angle FDB a pour mesure la moitié de l'arc FB ; l'angle CAB aura donc
aussi pour mesure la moitié de l'arc FB.

2. A cause des cordes paralleles GC, DF,
les arcs GD, CF font égaux ; l'arc FB est donc
la différence qui se trouve entre l'arc GD & l'arc
CFB. Donc l'angle A a pour mesure la moitié
de la différence des arcs GD, CFB.

PROPOSITION L.

*L'angle formé par deux tangentes, a pour mesure
la moitié de la différence des deux
arcs interceptés.*

SOit l'angle CAB formé par les deux tangentes F.42.
AC, AB ; je dis qu'il a pour mesure la moitié de la différence des deux arcs GLD, GFD.

Tirez DF parellele à AC.

DEMONSTRATION. 1. A cause des paralleles
AC, DF, les angles alternes du même côté CAB,
FDB font égaux : mais l'angle FDB formé par la tangente DB & par la corde DF, est mesuré par la
moitié de l'arc FD ; donc l'angle CAB est aussi
mesuré par la moitié de l'arc FD.

2.

2. La tangente AC & la corde DF étant paralleles, les arcs interceptés GF, GD font égaux ; l'arc FD eſt donc la différence qui ſe trouve entre l'arc GLD & l'arc GFD. Donc l'angle CAB qui a pour meſure la moitié de l'arc FD, a pour meſure la moitié de la différence des arcs GLD, GFD.

COROLLAIRE. On démontrera de la même maniere que l'angle formé par une tangente ATC & par une ſécante ADB, a pour meſure la moitié de la différence des deux arcs interceptés.

F.43.

PROPOSITION LI.

Elever une perpendiculaire à l'extrémité d'une ligne donnée.

JE ſupoſe qu'il faut elever une perpendiculaire à l'extrémité A de la ligne donnée AB.

F.44.

D'un point C pris au deſſus de la ligne AB, décrivez une circonférence qui paſſe par le point A, & qui coupe la ligne AB en un autre point, par exemple, G. Tirez le diametre GD, & enſuite la droite AD ; je dis que cette ligne AD ſera perpendiculaire à la ligne AB.

DEMONSTRATION. L'angle à la circonférence DAG, eſt meſuré par la moitié de l'arc DFG, qui eſt une demie circonférence à cauſe du diametre DCG. L'angle DAG eſt donc meſuré par le quart de la circonférence ; il eſt donc droit ; & par conſéquent la ligne AD eſt perpendiculaire à la ligne AB.

COROLLAIRE. Il ſuit de ce que nous avons dit, que l'angle à la circonférence, apuyé ſur un diametre, eſt néceſſairement droit.

PRO-

PROPOSITION LII.

D'un point pris hors d'un cercle ,
mener una tangente à ce cercle .

SOit le point A, d'où il faut tirer une tangente *F.45.*
au cercle DTB.

Tirez du centre C la droite CA ; divifez cette droite CA en deux parties égales , du point de divifion B pris pour centre décrivez l'arc CTA . Enfin du point A & par le point T où les deux arcs fe coupent , tirez la droite AT ; je dis que cette droite AT eft tangente au cercle DTB.

Tirez le rayon CT.

DEMONSTRATION . L'angle à la circonférence CTA , étant apuyé fur le diametre CA , eft droit ; donc la ligne TA eft perpendiculaire à l'extrémité du rayon CT ; & par conféquent elle eft tangente au cercle DTB .

DE LA MESURE DES SURFACES.

DEFINITIONS.

1. LE point Mathématique n'a ni longueur, ni largeur, ni épaiffeur. Le point Phyfique dont nous parlons ici, a une longueur & une largeur extremement petites , auffi petites qu'il plait de l'imaginer.

2. La ligne Phyfique eft une fuite de points phyfiques ; elle a par conféquent une largeur égale à celle des points phyfiques dont elle eft compofée.

3. Puifque les lignes phyfiques font compofées de points, comme les nombres font compofés d'unités , les points peuvent être apellés les unités des lignes .

4. Multiplier un nombre par un autre , c'eft
pren-

38

prendre ou répéter le premier nombre, autant de fois qu'il y a d'unités dans le fecond. Ainfi multi-plier 8 par 3, c'eft prendre ou répéter 8 trois fois ; ce qui donne 24.

5. De même multiplier une ligne phyfique par un autre, c'eft prendre ou répéter la premiere ligne autant de fois qu'il y a d'unités, c'eft-à-dire, de points phyfiques dans la feconde.

PROPOSITION LIII.

La furface d'un rectangle eft égale au produit de fes deux côtés.

F.46. SOit le rectangle ABCD ; je dis que fi vous mul-tipliez la ligne phyfique AB par la ligne phyfi-que AD, vous aurez la furface ABCD. C'eft en ce fens feulement que la propofition eft exactement vraie.

DEMONSTRATION. Si vous elevez perpendicu-lairement fur la ligne AD, autant de lignes phyfi-ques AB qu'il y a de points Phyfiques dans la li-gne AD, ces lignes AB couvriront toute la furfa-ce du rectangle ABCD. Donc la furface ABCD eft égale à la ligne AB prife autant de fois qu'il y a de points dans la ligne AD, c'eft-à-dire, à la li-gne AB multipliée par la ligne AD.

PROPOSITION LIV.

La furface d'un triangle, eft égale à la moitié du produit de fa hauteur & de fa bafe.

F.48. SOit le triangle BAC. Si du fommet d'un an-gle quelconque A, vous tirez une perpendicu-laire AD au côté opofé BC, cette perpendiculaire s'apelle *Hauteur*, & le côté BC s'apelle *Bafe* du triangle. Or je dis que la furface du triangle BAC, eft égale à la moitié du produit de fa hauteur AD & de fa bafe BC.   Pro-

Prolongez de part & d'autre BC ; par le point A, tirez FG parallele à BC ; & elevez les deux perpendiculaires BF, CG.

DÉMONSTRATION. Le rectangle BFGC & le triangle BAC sont entre les mêmes paralleles & ont la même base ; le triangle est donc la moitié du rectangle : mais la surface du rectangle est égale au produit de BF & de BC ; donc la surface du triangle, est égale à la moitié du produit de BF & de BC, ou ce qui est la même chose, de DA & de BC.

PROPOSITION LV.

Mesurer la surface d'une figure rectiligne quelconque.

SOit la figure rectiligne ABCDF, dont il faut *F.*49. trouver la surface.

Tirez les lignes CA, CF, de maniere que la figure soit toute divisée en triangles ; mesurez ensuite la surface de chaque triangle en cette maniere. Tirez une perpendiculaire du point B au côté CA ; multipliez ces deux lignes, la moitié du produit vous donnera la surface du triangle ABC. En tirant une perpendiculaire du point C au côté AF, & du point D au côté CF, vous trouverez de même les surfaces des triangles ACF, FCD. Maintenant si vous mettez ensemble ces trois surfaces, vous aurez la surface totale de la figure ABCDF ; *F.*50. ce qui n'a pas besoin d'autre preuve.

PROPOSITION LVI.

L'aire du cercle est égale à la moitié du produit du rayon & de la circonférence.

SOit le cercle C ; je dis que si vous multipliez *F.*50. le rayon par la circonférence, la moitié du
pro-

produit, vous donnera la furface du cercle.

DÉMONSTRATION. 1. Deux points ne fuffifent pas pour faire une ligne courbe, il en faut au moins trois : ainfi fi l'on prend deux à deux, tous les points phyfiques de la circonférence, elle fera compofée d'un grand nombre de petites lignes droites. Si des extrémités L, M d'une de ces petites lignes droites, vous tirez deux rayons LC, MC, vous aurez un petit triangle rectiligne LCM, dont la furface fera égale à la moitié du produit de fa hauteur, c'eft-à-dire, du rayon & de fa bafe.

2. Maintenant pour avoir la furface de tous les petits triangles dont le cercle eft compofé, il faut multiplier la hauteur, c'eft-à-dire, le rayon par toutes les bafes, c'eft-à-dire, par la circonférence, & prendre la moitié du produit. Donc l'aire ou furface du cercle, eft égale à la moitié du produit du rayon & de la circonférence.

PROPOSITION LVII.

Tracer un triangle égal à un cercle.

F.51. SOit le cercle GFDA. Il s'agit de former un triangle dont la furface foit égale à celle de ce cercle.

Tirez un rayon CA ; à l'extrémité A de ce rayon, elevez une perpendiculaire AB égale à la circonférence AGFD ; tirez enfuite la droite CB ; je dis que la furface du triangle BCA, eft égale à celle du cercle AGFDA.

DÉMONSTRATION. La furface du cercle, eft égale à la moitié du produit du rayon CA, & de la circonférence ou de la ligne AB qui lui eft égale. La furface du triangle, eft auffi égale à la moitié du produit de fa hauteur CA, c'eft-à-dire, du rayon, & de fa bafe BA, c'eft-à-dire, de la circonférence. Donc la furface du triangle eft égale à celle du cercle. DES

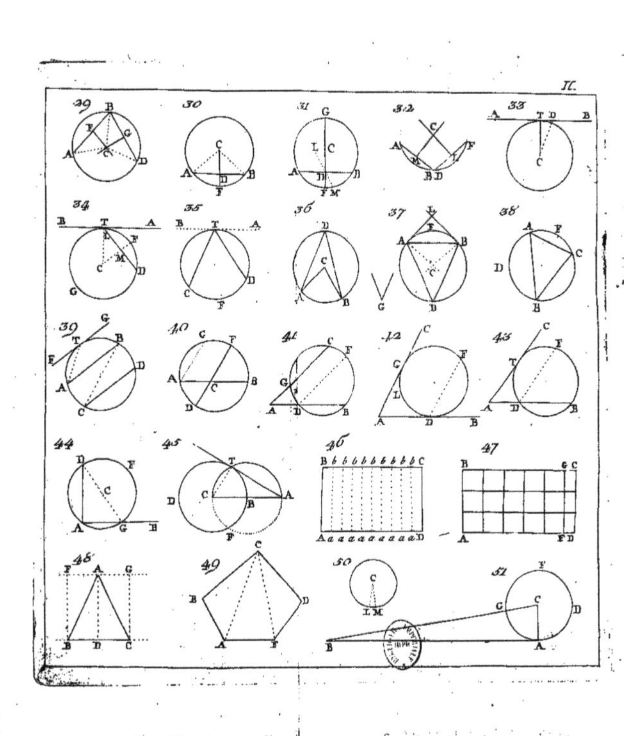

DES PROPORTIONS.

DEFINITIONS.

1. LA *Raifon* d'une quantité à un autre, eft le nombre de fois que la premiere contient la feconde ; la raifon de 12 à 3 eft quatre, parce que 12 contient 3, quatre fois ; la raifon de 5 à 10 eft une demie, parce que 5 contient 10, la moitié d'une fois.

2. Quatre quantités font *Proportionelles*, ou font en proportion géométrique, lorfque la premiere contient la feconde, précifément autant de fois que la troifieme contient la quatrieme.

3. Ainfi ces quatre nombres, 6, 3, 8, 4 font proportionels, parce que 6 contient 3, autant de fois que 8 contient 4, c'eft-à-dire, deux fois ; ce qui s'exprime de cette maniere : fix eft à trois, comme huit eft à quatre.

PROPOSITION LVIII.

*Si deux parallélogrammes font entre les mêmes
paralleles, ils font entr' eux
comme leurs bafes.*

SOient les deux parallélogrammes ABCD, FGLM *F.52.* entre les mêmes paralleles BL, AM ; je dis que la furface du parallélogramme ABCD, contient la furface du parallélogramme FGLM, précifément autant de fois que la bafe AD contient la bafe FM. Je fupofe, par exemple, que la bafe AD eft triple de la bafe FM ; je vais faire voir que dans ce cas, la furface ABCD eft auffi triple de la furface FGLM.

Divifez la bafe AD en trois parties égales,

D

dont

dont chacune en particulier fera égale à la bafe FM ; tirez des points de divifion les lignes NP, RS paralleles au côté AB.

DEMONSTRATION. Les parallélogrammes ABPN, FGLM font entre les mêmes paralleles & ont des bafes égales ; le parallélogramme ABPN eft donc égal au parallélogramme FGLM. Pour la même raifon les parallélogrammes NPSR, RSCD font auffi égaux au parallélogramme FGLM. Le parallélogramme ABCD eft donc compofé de trois parallélogrammes dont chacun en particulier eft égal au parallélogramme FGLM. Donc le parallélogramme ABCD eft triple du parallélogramme FGLM.

PROPOSITION LIX.

Si deux triangles font entre les mêmes paralleles,
ils font entr'eux comme leurs bafes.

F.53. SOient les deux triangles ABC, DFG entre les mêmes paralleles LF, AG ; je dis que la furface du triangle ABC, contient la furface du triangle DFG , précifément autant de fois que la bafe AC contient la bafe DG. Je fupofe, par exemple, que la bafe AC eft triple de la bafe DG ; je vais faire voir que la furface ABC eft triple de la furface DFG.

Divifez la bafe AC en trois parties égales AN, NR, RC, dont chacune fera égale à la bafe DG ; & tirez les droites BN, BR.

DEMONSTRATION. Les triangles ABN, DFG font entre les mêmes paralleles & ont des bafes égales ; le triangle ABN eft donc égal au triangle DFG. Pour la même raifon les triangles NBR, RBC font auffi égaux au triangle DFG. Le triangle ABC eft donc compofé de trois triangles dont chacun en particulier eft égal au triangle DFG. Donc le triangle ABC eft triple du triangle DFG.

PRO-

PROPOSITION LX.

*Si dans un triangle on tire une ligne parallele
à l'un des côtés, elle coupera les deux
autres proportionellement.*

SOit le triangle BAC ; je dis que si la ligne *F.*54.
DF est parallele au côté BC , elle coupe-
ra les deux autres côtés, de maniere que le segment
AD sera au segment DB, comme le segment AF
est au segment FC. Je supose, par exemple, que
le segment AD est triple du segment DB ; je vais
faire voir que le segment AF sera triple du segment FC.

Tirez les deux diagonales DC, FB.

DEMONSTRATION. 1. Les triangles AFD,
DFB font entre les mêmes paralleles. (Pour le
comprendre aisément, imaginez qu'on tire par le
point F une ligne parallele au côté AB). Ces
deux triangles font donc entr'eux comme leurs bases ; & puisque la base AD est triple de la base
DB, le triangle AFD sera triple du triangle DFB.

2. Les triangles DFB, FDC font entre les
mêmes paralleles DF, BC & ont la même base
DF ; ces deux triangles font donc égaux ; & puisque le triangle AFD est triple du triangle DFB,
il sera aussi triple du triangle FDC.

3. Les triangles ADF, FDC font entre les
mêmes paralleles. (Pour le comprendre aisément,
imaginez qu'on tire par le point D une ligne parallele au côté AC). Ces deux triangles font donc
entr'eux comme leurs bases ; & puisque le triangle ADF est triple du triangle FDC, la base AF
sera nécessairement triple de la base FC.

   PRO-

PROPOSITION LXI.

Les triangles équiangles ont les côtés homologues proportionels.

F.55. SOient les deux triangles ABC, CDF. Si l'angle A eft égal à l'angle C, l'angle B égal à l'angle D, & l'angle C égal à l'angle F ; je dis que le côté AC, par exemple, opofé à l'angle B, eft au côté CF opofé à l'angle D, comme le côté AB opofé à l'angle C, eft au côté CD opofé à l'angle F.

Placez les deux triangles, de maniere que les côtés AC, CF forment une ligne droite ; & prolongez les côtés AB, FD jufqu'à ce qu'ils fe rencontrent en G.

DEMONSTRATION. 1. Les angles alternes du même côté GAF, DCF font égaux, donc les lignes GA, DC font paralleles. De même les angles alternes du même côté GFA, BCA font égaux, donc les lignes GF, BC font paralleles. Ainfi le quadrilatere BGDC eft un parallélogramme, & a par conféquent les côtés opofés égaux.

2. Dans le grand triangle GAF, la ligne BC étant parallele au côté GF, coupe les deux autres côtés proportionellement ; ainfi l'on a cette proportion ; AC eft à CF, comme AB eft à BG ou CD fon égal.

PROPOSITION LXII.

Les triangles qui ont les côtés proportionels, font équiangles.

F.56.
57. SOient les deux triangles BAC, FDG. Si le côté AB eft au côté DF, comme le côté BC eft au côté FG, & comme le côté AC eft au côté DG ; je dis que ces deux triangles ont les angles égaux. DE-

DEMONSTRATION. 1. Je fupofe que le côté AB eft triple du côté DF; le côté AC fera néceffairement triple du côté DG, & le côté BC triple du côté FG.

2. Si le triangle FDG n'étoit pas équiangle avec le triangle BAC, on pourroit former fur la ligne FG un autre triangle équiangle, par exemple, FLG; or je dis que cela eft impoffible. Car fi les deux triangles BAC, FLG étoient équiangles, ils auroient les côtés proportionels; & BC étant triple de FG, AB feroit triple de LF: mais nous avons dit que AB étoit triple de DF; donc LF feroit égal à DF. Pour la même raifon LG feroit égal à DG. Ainfi les deux triangles FLG, FDG ayant les trois côtés égaux, feroient identiques; ce qui eft abfurde, puifqu'ils ont les angles inégaux.

PROPOSITION LXIII.

Les triangles qui ont les côtés proportionels
au tour d'un angle égal,
font équiangles.

SOient les deux triangles BAC, NMP. Si le côté AB eft au côté MN comme le côté AC eft au côté MP, & fi de plus l'angle A eft égal à l'angle M; je dis que ces deux triangles font équiangles.

F.56.
58.

DEMONSTRATION. 1. Je fupofe, par exemple, que AB eft triple de MN, AC fera néceffairement triple de MP.

2. Maintenant fi vous prétendez que l'angle MNP, par exemple, n'eft pas égal à l'angle ABC, on en pourra faire un autre, comme MNR, qui lui fera égal; or je dis que cela eft impoffible.

3. Car les deux triangles BAC, NMR ayant deux angles égaux, feroient équiangles & auroient par conféquent les côtés proportionels. Donc AB

étant

46

étant triple de MN, AC feroit triple de MR ; ce qui ne fe peut, puifque AC eft triple de MP.

PROPOSITION LXIV.

Si une ligne divife un angle d'un triangle en deux parties égales, elle divife le côté opofé, en deux fegmens proportionels aux deux autres côtés.

F.59. SOit le triangle BAC. Tirez la ligne AD de maniere que l'angle *r* foit égal à l'angle *s*. Je dis que le fegment BD eft au fegment DC, comme le côté BA eft au côté AC.

Prolongez le côté BA, & tirez CF parallele à DA.

DÉMONSTRATION. 1. Les lignes DA, CF étant paralleles, les angles alternes du même côté *r*, F font égaux, & les angles alternes *s*, C font auffi égaux ; & puifque l'angle *r* eft égal à l'angle *s*, l'angle F fera auffi égal à l'angle C ; d'où il fuit que le côté AF eft égal au côté AC.

2. Dans le grand triangle BFC, la ligne AD étant parallele au côté FC, on a cette proportion ; BD eft à DC, comme BA eft à AF ou AC fon égal.

PROPOSITION LXV.

Trouver une quatrieme proportionelle à trois lignes données.

F.60. SOient les trois lignes A, B, C ; il s'agit de trouver une quatrieme ligne D, telle que la ligne A foit à ligne B, comme la ligne C eft à la ligne D.

Pour cela formez un angle quelconque RFG. Prenez avec le compas FM égal à la ligne A, MG égal à la ligne B, FN égal à la ligne C. Tirez la droite MN ; & par le point G, tirez GL

pa-

parallele à MN. Je dis que NL eſt la quatrieme
proportionelle cherchée.

DEMONSTRATION. Dans le triangle FLG, la
ligne NM étant parallele au côté LG, coupe les
deux autres côtés proportionellement. On a donc
cette proportion ; FM eſt à MG, comme FN eſt
à NL ; c'eſt-à-dire A eſt à B, comme C eſt à D.

PROPOSITION LXVI.

Trouver une troiſieme proportionelle
à deux lignes données.

SOient les deux lignes A , B ; il s'agit de trou- *F.61.*
ver une troiſieme ligne C, telle que la ligne
A ſoit à la ligne B, comme la ligne B eſt à la
ligne C.

Pour cela formez un angle quelconque LFG ;
prenez avec le compas, FM égal à la ligne A,
MG égal à la ligne B, FN égal de nouveau à la
ligne B. Tirez la droite MN, & par le point G
tirez GL parallele à MN ; je dis que NL eſt la
troiſieme proportionelle cherchée.

DEMONSTRATION. Dans le triangle FLG, la ligne NM étant parallele au côté LG, on a cette
proportion ; FM eſt à MG, comme FN eſt à NL ;
c'eſt-à-dire, A eſt à B, comme B eſt à C.

PROPOSITION LXVII.

Si quatre lignes ſont proportionelles, le rectangle
ou produit des extremes eſt égal au rectangle
ou produit des moyennes.

SI la ligne A eſt à la ligne B, comme la ligne *F.62.*
C eſt à la ligne D ; je dis que le rectangle
formé avec les lignes A & D, eſt égal au rectangle formé avec les lignes B & C.

Diſpoſez les quatre lignes en croix, comme
D 4 on

on voit dans la figure 62, de maniere qu'elles forment des angles droits. Achevez enfuite les rectangles *x*, *y*, *z*, en tirant des paralleles.

DEMONSTRATION. 1. Je fupofe que la ligne A eft triple de la ligne B, néceffairement la ligne C fera triple de la ligne D.

2. Les rectangles ou parallélogrammes *x*, *z* font entre les mêmes paralleles, ils font donc entr'eux comme leurs bafes ; & puifque la bafe A eft triple de la bafe B, le rectangle *x* fera triple du rectangle *z*. De même les rectangles ou parallélogrammes *y*, *z* font entre les mêmes paralleles, ils font donc entr'eux comme leurs bafes ; & puifque la bafe C eft triple de la bafe D, le rectangle *y* fera triple du rectangle *z*.

3. Le rectangle *x* eft triple du rectangle *z*, le rectangle *y* eft auffi triple du rectangle *z* ; les rectangles *x*, *y* font donc égaux entr'eux.

PROPOSITION LXVIII.

Quatre lignes font proportionelles, fi le rectangle ou produit des extremes eft égal au rectangle ou produit des moyennes.

F.62. SOient les lignes, A, B, C, D ; je dis que fi le rectangle de A & de D eft égal au rectangle de B & de C, la ligne A fera à la ligne B, comme la ligne C eft à la ligne D.

Difpofez les quatre lignes en croix & à angles droits, comme dans la propofition précédente ; achevez les rectangles *x*, *y*, *z*.

DEMONSTRATION. 1. Je fupofe, par exemple, que la ligne A eft triple de la ligne B ; il s'agit de démontrer que la ligne C eft triple de la ligne D.

2. Les rectangles *x*, *z* font entre le mêmes paralleles, ils font donc entr'eux comme leurs bafes,

fes ; & comme la bafe **A** eft triple de la bafe **B**, le rectangle *x* fera triple du rectangle *z*.

3. Le rectangle *y* eft par la fupofition égal au rectangle *x*, il eft donc auffi triple du rectangle *z*.

4. Les rectangles *y*, *z* font entre les mêmes paralleles ; ils font donc entr'eux comme leurs bafes ; & puifque le rectangle *y* eft triple du rectangle *z*, la bafe **C** eft auffi triple de la bafe **D**.

PROPOSITION LXIX.

Si quatre lignes font proportionelles,
en alternant elles feront encore
proportionelles.

SI la ligne **A** eft à la ligne **B** comme la ligne *F.*62. **C** eft à la ligne **D** ; je dis que la ligne **A** fera à la ligne **C**, comme la ligne **B** eft à la ligne **D** ; c'eft ce qu'on apelle *Alterner*.

DEMONSTRATION. 1. Puifque la ligne **A** eft à la ligne **B**, comme la ligne **C** eft à la ligne **D**, le rectangle des extremes **A** & **D** eft égal au rectangle des moyennes **B** & **C**.

2. Il eft évident que la ligne **A** eft à la ligne **C**, comme la ligne **B** eft à la ligne **D**, puifque nous avons vû que le rectangle des extremes **A** & **D** eft égal au rectangle des moyennes **B** & **C**.

AUTRE DEMONSTRATION. Supofons que la ligne **A** eft triple de la ligne **B**, la ligne **C** fera triple de la ligne **D** ; ainfi au lieu de dire ; **A** eft à **B** comme **C** eft à **D**, on pourra dire ; trois **B** eft à **B**, comme trois **D** eft à **D**. Or il eft evident, que trois **B** eft à trois **D**, comme **B** eft à **D** ; il eft bien clair, par exemple, que trois pieds font à trois pouces, comme un pied eft à un pouce. Donc la ligne **A** eft à la ligne **C** comme la ligne **B** eft à la ligne **D**.

PRO-

PROPOSITION LXX.

Si quatre lignes font proportionelles, en compofant elles feront encore proportionelles.

F.62. SI la ligne A eft à la ligne B, comme la ligne C eft à la ligne D ; je dis que la ligne A plus la ligne B, eft à la ligne B, comme la ligne C plus la ligne D, eft à la ligne D ; c'eft ce qu' on apelle *Compofer*.

DEMONSTRATION. Si la ligne A contient, par exemple, trois fois la ligne B, & la ligne C trois fois la ligne D, la ligne A jointe à la ligne B contiendra quatre fois la ligne B, & la ligne C jointe à la ligne D, contiendra quatre fois la ligne D. Donc la ligne A plus la ligne B eft à la ligne B, comme la ligne C plus la ligne D eft à la ligne D.

PROPOSITION LXXI.

Si quatre lignes font proportionelles, en divifant elles feront encore proportionelles.

F.62. SI la ligne A eft à la ligne B, comme la ligne C eft à la ligne D ; je dis que la ligne A moins la ligne B, eft à la ligne B, comme la ligne C moins la ligne D, eft à la ligne D ; c'eft ce qu'on apelle *Divifer*.

DEMONSTRATION. Si la ligne A contient, par exemple, trois fois la ligne B, & la ligne C trois fois la ligne D, la ligne A moins la ligne B, contiendra feulement deux fois la ligne B, & la ligne C moins la ligne D, contiendra auffi deux fois la ligne D. Donc la ligne A moins la ligne B, eft à la ligne B, comme la ligne C moins la ligne D, eft à la ligne D.

PRO-

PROPOSITION LXXII.

*Si trois lignes font proportionelles, la premiere
eſt à la troiſieme, comme le quarré de la
premiere eſt au quarré de la ſeconde.*

SI la ligne CD eſt à la ligne *cd*, comme la li- **F.72.**
gne *cd* eſt à une troiſieme ligne, que j'apelle
x ; je dis que la ligne CD eſt à la ligne *x*, comme le quarré de la ligne CD, eſt au quarré de la
ligne *cd*.

Prenez CF égal à la ligne *x*, & tirez la perpendiculaire FB.

DEMONSTRATION. 1. Puiſque la ligne CD eſt
à la ligne *cd*, comme la ligne *cd* eſt à la ligne
CF, le rectangle des extremes CF, CD ou bien
CL, eſt égal au rectangle des moyennes, c'eſt-à-dire, au quarré de *cd*.

2. Le quarré de CD & le rectangle des lignes
CF, CL, ſont entre les mêmes paralleles ; ils ſont
donc entr'eux, comme leurs baſes. Donc CD eſt
à CF, comme le quarré de CD eſt au rectangle
de CF & de CL, ou au quarré de *cd* qui lui eſt
égal.

PROPOSITION LXXIII.

*Si deux cordes ſe coupent dans un cercle,
le rectangle des ſegmens de l'une
eſt égal au rectangle des ſegmens
de l'autre.*

SOient les deux cordes AB, CD qui ſe coupent **F.63.**
au point F ; je dis que le rectangle de AF &
de FB eſt égal au rectangle de CF & de FD.

Tirez les deux droites AC, DB.

DEMONSTRATION. Dans les triangles CAF,
BDF, les angles à la circonférence A & D ſont
égaux,

égaux, parce qu'ils font mefurés tous les deux par la moitié de l'arc CB ; les angles C & B font auffi égaux, parce qu'ils font mefurés par la moitié de l'arc AD ; les angles en F font de même égaux , parce qu'ils font opofés au fommet. Ces deux triangles font donc équiangles ; ils ont donc les côtés proportionels. Donc le côté AF opofé à l'angle C , eft au côté FD opofé à l'angle B , comme le côté CF opofé à l'angle A , eft au côté FB opofé à l'angle D. Donc le rectangle des extremes AF, FB eft égal au rectangle des moyens CF, FD.

PROPOSITION LXXIV.

*Trouver une moyenne proportionelle
entre deux lignes données.*

F.64. SOient les deux lignes A , C ; il s'agit de trouver une autre ligne B, telle que la ligne A foit à la ligne B, comme la ligne B eft à la ligne C.

Difpofez les lignes A & B, de maniere qu'elles forment une ligne droite DGL que vous diviferez en deux parties égales au point F. Du point F pris pour centre , décrivez une circonférence DMLN ; enfuite au point G où les deux lignes fe joignent elevez la perpendiculaire GM ; je dis que GM eft la moyenne proportionelle cherchée entre la ligne A & la ligne C.

Prolongez MG jufqu'en N.

DEMONSTRATION. 1. Les cordes DL, MN fe coupent au point G ; donc le rectangle des fegmens DG, GL eft égal au rectangle des fegmens MG, GN.

2. Le rayon FL étant perpendiculaire à la corde MN, la divife en deux parties égales ; donc GN eft égal à GM.

3. DG eft à GM, comme GN ou GM fon
égal,

égal, eſt à GL, puiſque le rectangle des extremes DG, GL, eſt égal au rectangle des moyens GM, GN ou GM ſon égal. Donc la ligne GM eſt moyenne proportionelle entre DG & GL, c'eſt-à-dire, entre la ligne A & la ligne C.

PROPOSITION LXXV.

Dans les triangles égaux, les baſes ſont en raiſon reciproque ou inverſe des hauteurs.

SOient les deux triangles égaux ABC, DFG ; je dis que la baſe AC eſt à la baſe DG, comme la perpendiculaire FM eſt à la perpendiculaire BL ; c'eſt ce qu'on apelle *Raiſon Réciproque ou Inverſe*. F.65. 66.

DEMONSTRATION. 1. Le triangle ABC eſt la moitié du produit ou rectangle de la baſe AC & de la hauteur BL. De même le triangle DFG eſt la moitié du produit ou rectangle de la baſe DG & de la hauteur FM ; & puiſque les deux triangles ſont égaux, les deux rectangles ſeront auſſi égaux.

2. Il eſt évident que AC eſt à DG, comme FM eſt à BL, puiſque le rectangle des extremes AC, BL eſt égal au rectangle des moyens DG, FM.

PROPOSITION LXXVI.

Les triangles qui ont les baſes en raiſon reciproque ou inverſe des hauteurs, ſont égaux.

SOient les deux triangles ABC, DFG. Si la baſe AC eſt à la baſe DG, comme la perpendiculaire FM eſt à la perpendiculaire BL ; je dis que les ſurfaces des deux triangles ſont égales. F.65. 66.

DEMONSTRATION. Puiſque AC eſt à DG,

com-

comme FM eſt à BL, le produit des extremes AC, BL eſt égal au produit des moyens DG, FM. Les deux triangles qui ſont les moitiés de ces deux produits, ſont donc auſſi égaux.

PROPOSITION LXXVII.

Deux ſécantes tirées d'un même point à un cercle, ſont en raiſon inverſe de leurs parties extérieures.

F.67. SOient les deux ſécantes CA, CB; je dis que CA eſt à CB, comme CD eſt à CF.

Tirez les droites FB, DA.

DEMONSTRATION. Dans les triangles CDA, CFB, les angles à la circonférence A & B, ſont égaux, parce qu'ils ſont meſurés par la moitié de l'arc FD; l'angle C eſt commun aux deux triangles. Ces deux triangles ſont donc équiangles & ont les côtés proportionels. Ainſi le côté CA du premier triangle, eſt au côté CB du ſecond triangle, comme le côté CD du premier triangle, eſt au côté CF du ſecond triangle.

PROPOSITION LXXVIII.

La tangente au cercle eſt moyenne proportionelle entre la ſécante & ſa partie extérieure.

F.68. SOit la tangente CA & la ſécante CB; je dis que CB eſt à CA, comme CA eſt à CD.

Tirez les droites AB, AD.

DEMONSTRATION. Dans les triangles CAB, CDA, l'angle C eſt commun. De plus l'angle B eſt meſuré par la moitié de l'arc AFD; & l'angle CAD étant formé par la tangente AC & par la corde AD, eſt auſſi meſuré par la moitié de l'arc AFD. Les deux triangles CAB, CDA ayant

deux

deux angles égaux, font donc équiangles ; ils ont donc les côtés proportionels. Ainſi le côté **CB** du grand triangle, opoſé à l'angle **CAB**, eſt au côté **CA** du petit triangle, opoſé à l'angle **D**, comme le côté **CA** du grand triangle, opoſé à l'angle **B**, eſt au côté **CD** du petit triangle, opoſé à l'angle **A**.

COROLLAIRE. Cette propoſition nous fournit une nouvelle maniere de trouver une moyenne proportionelle entre deux lignes données. Prenez avec le compas **CB** égal à l'une des lignes données, & **CD** égal à l'autre ligne. Diviſez **DB** en deux parties égales ; du point de diviſion pris pour centre, décrivez la circonférence **DAB**. Tirez enfin la tangente **CA**, qui ſera moyenne proportionelle entre **CB** & **CD**.

PROPOSITION LXXIX.

Diviſer une ligne en moyenne & extreme raiſon.

DIviſer une ligne en moyenne & extreme raiſon, c'eſt la diviſer en deux parties, de maniere que toute la ligne ſoit à la plus grande partie, comme la plus grande partie eſt à la plus petite.

Soit donc la ligne **CA** qu'il faut diviſer en *F.68.* moyenne & extreme raiſon. A l'extremité **A** elevez une perpendiculaire **AG** égale à la moitié de la ligne **CA**. Du point **G** pris pour centre, & avec le rayon **GA**, décrivez la circonférence **ADB**. Tirez par le centre la ligne **CB**, & prenez **CF** égal à **CD**. Je dis que la ligne **CA** eſt diviſée en moyenne & extreme raiſon, au point **F**.

DEMONSTRATION. **CB** eſt à **CA**, comme **CA** eſt à **CD** ; & en diviſant **CB** moins **CA** ou **DB** qui lui eſt égal, eſt à **CA**, comme **CA** moins **CD** ou **CF** qui lui eſt égal, eſt à **CD**. C'eſt-à-dire,

re, CD ou CF est à CA, comme FA est à CD ou CF. Par conséquent le produit de CF & de CF est égal au produit de CA & de FA. D'où il suit qu'on a cette proportion ; CA est à CF, comme CF est à FA, puisque le produit des moyens est égal au produit des extremes.

REMARQUE. On a apellé cette division, *Section Divine*, à cause des merveilleuses propriétés qu'on lui a attribuées : mais à peine est-elle aujourd'hui de quelque usage, dans la pratique de la Géométrie.

DES FIGURES SEMBLABLES.

DEFINITIONS.

1. J'apelle figures *Semblables*, celles qui sont composées d'un égal nombre de points physiques rangés de la même maniere.

F.69.　　2. Ainsi les figures ABCDF, *a b c d f* sont des figures semblables, s'il n'y a aucun point dans la premiere figure, qui n'ait son point correspondant, placé de la même façon, dans la seconde figure.

3. Il suit de-là que si la premiere figure est, par exemple, trois fois plus grande que la seconde, les points dont elle est composée, seront trois fois plus grands que ceux de la seconde figure.

4. Dans les figures semblables on apelle lignes *Homologues*, celles qui sont composées d'un égal nombre de points correspondans.

PRO-

PROPOSITION LXXX.

*Les figures semblables ont les lignes
homologues proportionelles.*

SOient les figures semblables ABCDF, *a b c d f*, F.70.
& les lignes homologues CA, *c a*; CF, *c f*;
je dis que CA est à CF, comme *c a* est à *c f*.

DEMONSTRATION. Puisque les lignes CA, *c a*
font homologues, elles font composées d'un égal
nombre de points correspondans, de même que les
lignes CF, *c f*. Je supose, par exemple, que la
ligne CA est composée de trente points, & la ligne CF de quarante ; la ligne *c a* sera nécessairement composée de trente points, & la ligne *c f* de
quarante. Or il est évident que trente est à quarante, comme trente est à quarante. Donc CA est
à CF, comme *c a* est à *c f*.

PROPOSITION LXXXI.

*Les circonférences des cercles
font comme leurs rayons.*

JE dis que la circonférence DCB est au rayon F.71.
AB, comme la circonférence *d c b* est au rayon
a b.

DEMONSTRATION. Tous les cercles font des figures semblables, c'est-à-dire, composées d'un égal
nombre de points rangés de la même maniere ; ils
ont donc les lignes homologues proportionelles.
Donc la circonférence CDB est au rayon AB, comme la circonférence *c d b* est au rayon *a b*.

E

PROPOSITION LXXXII.

*Les figures semblables sont entr' elles
comme les quarrés de leurs
côtés homologues.*

F.72. SOient les deux figures semblables A, *a*. Sur
les côtés homologues CD, *cd*, formez les quarrés B, *b*. Je dis que la surface A est à la surface
a, comme le quarré B est au quarré *b*.

DEMONSTRATION. 1. Puisque les figures A, *a*
font semblables, elles font composées d'un égal
nombre de points correspondans ; & puisque les côtés homologues CD, *cd* font composés d'un égal
nombre de points, les quarrés B, *b* feront aussi
composés d'un égal nombre de points.

2. Je supose maintenant que la surface A est
composée de mille points, & le quarré B de quatre cens points ; la surface *a* fera aussi composée de
mille points, & le quarré *b* de quatre cens. Or il
est évident que mille est à quatre cens, comme
mille est à quatre cens ; donc la surface A est au
quarré B, comme la surface *a* est au quarré *b* ; &
en alternant, la surface A est à la surface *a*, comme le quarré B, au quarré *b*.

COROLLAIRE. Il suit de-là que si sur les trois
côtés d'un triangle rectangle on forme trois figures semblables quelconques, celle de l'hypoténuse
fera égale aux deux autres prises ensemble ; car ces
trois figures feront comme les quarrés de leurs côtés, & puisque le quarré de l'hypoténuse, est égal
aux deux autres quarrés, la figure formée sur l'hypoténuse fera aussi égale aux deux autres figures.

PROPOSITION LXXXIII.

*Les aires des cercles font comme les
quarrés de leurs rayons.*

SOient les deux cercles DCB, *d c b*. Je dis que **F.71.**
la furface du grand cercle DCB, eft à la furface du petit cercle *d c b*, comme le quarré formé
fur le rayon AB, eft au quarré formé fur le rayon *ab*.

DÉMONSTRATION. 1. Les deux cercles étant
des figures femblables, font compofés d'un égal
nombre de points correfpondans. Ainfi les rayons
AB, *a b* étant compofés d'un égal nombre de points,
les quarrés du rayon AB & du rayon *a b*, feront
auffi compofés d'un égal nombre de points.

2. Je fupofe maintenant que le grand cercle
DCB eft compofé de huit cens points, & le quarré du grand rayon AB, de trois cens points ; le petit cercle *d c b* fera. auffi compofé de huit cens points,
& le quarré du petit rayon *a b*, de trois cens. Or
il eft évident que huit cens eft à trois cens, comme huit cens eft à trois cens ; donc le grand cercle
DCB eft au quarré de fon rayon AB, comme le
petit cercle *d c b* eft au quarré de fon rayon *a b* ;
& en alternant, le grand cercle eft au petit cercle,
comme le grand quarré eft au petit quarré.

PROPOSITION LXXXIV.

Les triangles femblables font équiangles.

SOient les deux triangles ABC, *a b c*, compofés **F.75.**
d'un égal nombre de points rangés de la même
façon ; je dis qu'ils font équiangles.

DÉMONSTRATION. Puifque les triangles ABC,
a b c font des figures femblables, ils ont les côtés
proportionels ; donc ils font équiangles.

E 2

PRO-

PROPOSITION LXXXV.

Les triangles équiangles font femblables.

F.75. SOient les triangles ABC, *a b c*; je dis que s'ils ont les angles égaux, ils font des figures femblables.

DÉMONSTRATION. Si le triangle ABC n'étoit pas femblable au triangle *a b c*, ou en pourroit former un autre fur la ligne AC, par exemple, ADC qui feroit femblable au triangle *a b c*. Or le triangle ADC étant femblable au triangle *a b c*, feroit équiangle avec le triangle *a b c*; ce qui eft impoffible, puifque nous avons dit que le triangle ABC eft équiangle avec le triangle *a b c*.

PROPOSITION LXXXVI.

Si quatre lignes font proportionelles, leurs quarrés font auffi proportionels.

F.73. SI la ligne AB eft à la ligne AC, comme la ligne AD eft à la ligne AF; je dis que le quarré de la ligne AB eft au quarré de la ligne AC, comme le quarré de la ligne AD, eft au quarré de la ligne AF.

F.73. 74. Avec la ligne AB & la ligne AD formez un angle BAD; avec la ligne AC & la ligne AF formez un autre angle CAF égal à l'angle BAD; & tirez les droites BD, CF.

DÉMONSTRATION. 1. Puifque AB eft à AC, comme AD eft à AF, & que les angles compris font égaux; les deux triangles BAD, CAF ont les côtés proportionels, autour d'un angle égal. Ils font donc équiangles, & par conféquent des figures femblables.

2. Les triangles BAD, CAF étant des figures femblables, font comme les quarrés de leurs côtés

homo-

homologues. Supofons donc que le triangle BAD
eft le tiers du triangle CAF ; le quarré du côté
AB, fera le tiers du quarré du côté AC, & le
quarré du côté AD fera le tiers du quarré du côté AF. Donc ces quatre quarrés feront proportionels.

PROPOSITION LXXXVII.

*Les figures femblables fe divifent en un égal
nombre de triangles femblables.*

SOient les deux figures femblables ABCDF, *F.70.*
a b c d f. Si vous tirez les lignes homologues
CA, *c a* ; CF, *c f* ; je dis que vous aurez divifé
ces deux figures en un égal nombre de triangles
femblables.

DEMONSTRATION. Les triangles BCA, *b c a*
font compofés d'un égal nombre de points correfpondans ; ils font donc femblables. Les triangles
ACF, *a c f*, & les triangles FCD, *f c d* font auffi
femblables pour la même raifon. Donc les figures
femblables ABCDF, *a b c d f* fe divifent en un égal
nombre de triangles femblables.

PROPOSITION LXXXVIII.

Les figures femblables font équiangles.

SOient les figures femblables ABCDF, *a b c d f* ; *F.70.*
je dis qu'elles ont les angles égaux.
Tirez les lignes homologues CA, *c a* ; CF, *c f*.
DEMONSTRATION. Les triangles BCA, *b c a*
font femblables & par conféquent équiangles. Donc
l'angle B eft égal à l'angle *b*, l'angle BAC égal
à l'angle *b a c*, & l'angle BCA égal à l'angle
b c a. Les triangles ACF, *a c f* ; FCD, *f c d* font
auffi équiangles, parce qu'ils font femblables ; donc
tous les autres angles font auffi égaux.

E 3

PRO-

PROPOSITION LXXXIX.

*Les figures équiangles & qui ont les côtés
proportionels, font femblables.*

F.70. SI les figures ABCDF, *a b c d f* ont les angles
égaux & les côtés proportionels ; je dis qu'elles font femblables.

Tirez les lignes CA, *c a* ; CF, *c f*.

DÉMONSTRATION. 1. Les triangles CBA, *c b a*
ont deux côtés proportionels & l'angle compris
égal, ils font donc équiangles & par conféquent
femblables ; les lignes CA, *c a* font donc proportionelles.

2. Les triangles CAF, *c a f* ont deux côtés
proportionels & l'angle compris égal ; car fi des
angles égaux BAF, *b a f*, vous ôtez les angles
égaux BAC, *b a c*, il reftera les angles égaux CAF,
c a f ; ces deux triangles font donc équiangles &
par conféquent femblables. On prouvera de même
que les triangles CFD, *c f d* font femblables.

3. Ainfi les deux figures ABCDF, *a b c d f*
font compofées d'un égal nombre de triangles femblables ; elles font donc compofées d'un égal nombre de points rangés de la même maniere. Elles
font donc femblables.

PRINCIPE GÉNÉRAL. 1. Les figures femblables
font celles qui font compofées d'un égal nombre de
points phyfiques, rangés de la même maniere.

2. Les figures femblables ont les angles égaux
& les côtés proportionels.

3. Les figures qui ont les angles égaux & les
côtés proportionels, font femblables.

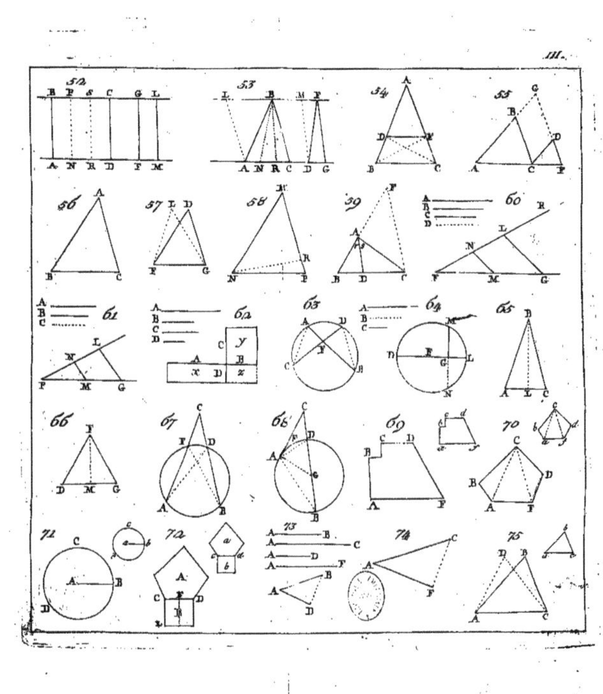

DES PLANS.

DEFINITIONS.

1. LE *Plan* eſt une ſurface, telle que ſi une ligne droite apliquée deſſus, la touche en deux points, elle la touchera néceſſairement dans tous les autres points. La ſurface d'une liqueur bien tranquille, d'une table bien polie, eſt un plan.

2. On dit que la ligne BA eſt perpendiculaire au plan MLGFPN, ſi elle forme des angles droits, avec toutes les lignes AM, AL, AG, &c. qu'on peut tirer du point A ſur ce plan. *F.*78.

3. Soit AB, la *Commune Interſection* de deux plans. Si on tire ſur ces deux plans deux lignes droites LM, FG perpendiculaires à la ligne AB, elles formeront au point C quatre angles qu'on apelle *Inclinaiſons* des deux plans, ou bien, *Angles* formés par les deux plans. *F.*81.

4. Si la ligne AB pirouette ſur elle-même ſans changer de place, la ligne AC qui fait avec elle un angle aigu, décrira en tournant une ſurface concave, ſemblable au dedans d'un entonnoir ; & la ligne AD qui fait avec la ligne AB un angle obtus, décrira en tournant une ſurface convexe, ſemblable au dehors d'un entonnoir. *F.*76. *F.*77.

5. Mais la ligne AF qui fait avec la ligne AB un angle qui n'eſt ni aigu ni obtus mais droit, décrira en tournant une ſurface qui ne ſera ni concave ni convexe mais plane ; & la ligne AB ſera perpendiculaire au plan MLGFPN, parce qu'elle ſera des angles droits avec toutes les lignes AM, AL, AG, &c. qu'on peut tirer du point A ſur ce plan. *F.*78.

E 4

6. **Deux**

6. Deux plans font *Paralleles*, fi toutes les perpendiculaires qu'on peut tirer de l'un à l'autre F.79. font égales ; ainfi les plans LM, FG font paralleles, fi toutes les perpendiculaires BA, CD, &c. font égales.

PROPOSITION XC.

La perpendiculaire eft la ligne la plus courte qu'on puiffe tirer d'un point à un plan.

F.80. SOit la perpendiculaire BA, tirée du point B au plan DF ; je dis qu'une autre ligne quelconque, par exemple, BC, tirée du point B au plan DF, eft plus longue que la ligne BA.

Tirez fur le plan, la droite AC.

DEMONSTRATION. Puifque la ligne BA eft perpendiculaire au plan DF, l'angle BAC eft droit ; le quarré de BC eft donc égal au quarré de BA & au quarré de AC, pris enfemble. Le quarré de BC eft donc plus grand que le quarré de BA ; & par conféquent la ligne BC eft plus longue que la ligne BA.

PROPOSITION XCI.

La perpendiculaire mefure la diftance d'un point à un plan.

DEMONSTRATION. La diftance d'un point à un autre point, fe mefure par la ligne droite, parce que c'eft la ligne la plus courte qu'on puiffe tirer d'un point à un autre. De même la diftance d'un point à une ligne fe mefure par la perpendiculaire, parce que c'eft la ligne la plus courte qu'on puiffe tirer d'un point à une ligne. Ainfi la diftance d'un point à un plan, doit auffi fe mefurer par la perpendiculaire, parce que c'eft la ligne la plus courte qu'on puiffe tirer d'un point à un plan.

PRO-

PROPOSITION XCII.

La commune interſection de deux plans eſt une ligne droite.

SOient les deux plans ALBMA, AFBGA, qui ſe **F.81.** coupent ; je dis que la ligne qui eſt commune à tous les deux, eſt une ligne droite.

Tirez une ligne droite du point A au point B.

DEMONSTRATION. Puiſque la ligne droite AB touche les deux plans au point A & au point B, elle les touchera dans tous les autres points ; cette ligne eſt donc commune aux deux plans. Donc la commune interſection des deux plans eſt une ligne droite.

PROPOSITION XCIII.

Si deux plans ont trois points communs qui ne ſoient pas en ligne droite, ils ſont un ſeul & même plan.

JE ſupoſe qu'on place deux plans l'un ſur l'autre, de maniere que les trois points A, B, C ſoient **F.82.** communs à tous les deux ; je dis que tous les autres points leur feront auſſi communs, de maniere que ces deux plans feront un ſeul & même plan.

Je vais faire voir, par exemple, que le point D eſt commun aux deux plans ; on pourra dire la même choſe de tous les autres points.

Tirez les lignes droites AB, **CD.**

DEMONSTRATION. 1. Puiſque la ligne droite AB touche les deux plans au point A & au point B, elle les touchera néceſſairement dans tous les autres points ; elle les touchera donc tous les deux au point F ; donc le point F eſt commun aux deux plans.

2. Puiſque la ligne droite **CD** touche les deux plans

plans au point C & aux point F, elle les touchera aussi tous les deux au point D. Donc le point
D est commun aux deux plans.

PROPOSITION XCIV.

Une droite perpendiculaire à deux droites qui se
coupent, est perpendiculaire au plan
de ces droites.

F.83. SI la ligne AB forme des angles droits avec les lignes
AC, AD ; je dis qu'elle est perpendiculaire
au plan qui passe par ces deux lignes.

DEMONSTRATION. Si la ligne AB n'étoit pas
perpendiculaire au plan FDCG, on pourroit faire
passer par le point A un autre plan, au quel la
ligne AB seroit perpendiculaire ; or je dis que cela
est impossible. Car puisque les angles BAC, BAD
font droits, ce nouveau plan passeroit nécessairement par les points C, D ; il seroit donc le même
que le plan FDCG, puisque ces deux plans auroient trois points communs A, C, D.

PROPOSITION XCV.

D'un point pris dans un plan elever une
perpendiculaire à ce plan.

F.85. SOit le point A, d'où il faut elever une perpendiculaire sur le plan LM.

F.84. Formez un rectangle CDFG ; pliez le exactement en deux ; & placez le ensuite sur le plan LM,
comme vous voyez dans la figure 85 ; je dis que
la ligne AB est perpendiculaire au plan LM.

DEMONSTRATION. La ligne AB forme des angles droits avec les deux lignes AC, AG du plan
LM ; donc elle est perpendiculaire au plan LM.

PRO-

PROPOSITION XCVI.

*Si deux plans se coupent perpendiculairement,
& si une ligne tirée sur l'un des deux
est perpendiculaire à leur commune
interfection, elle fera perpendiculaire
à l'autre plan.*

SOient les deux plans AFBG, ALBM qui se cou- **F.81.**
pent à angles droits. Je dis que si la ligne LC
est perpendiculaire à la commune interfection **AB**,
elle est aussi perpendiculaire au plan **AFBG**.

Tirez CG perpendiculaire à **AB**.

DEMONSTRATION. 1. Puifque les lignes **CL**,
CG font perpendiculaires à la commune interfection
AB, l'angle LCG est l'angle d'inclinaifon des deux
plans ; & puifque les deux plans se coupent perpendiculairement, l'angle d'inclinaifon LCG est droit.

2. La ligne LC est perpendiculaire aux deux
lignes CA, CG du plan AFBG, elle est donc perpendiculaire à tout le plan AFBG.

PROPOSITION XCVII.

*Un plan qui rencontre un autre plan, forme
avec lui deux angles qui équivalent
à deux droits.*

JE dis que le plan ALB rencontrant le plan **F.81.**
AFBGA, forme avec lui deux angles qui équivalent à deux droits.

Par un point quelconque C, tirez les lignes
FG, CL perpendiculaires à la ligne **AB**.

DEMONSTRATION. La ligne CL forme avec
la ligne FG deux angles qui équivalent à deux
droits : mais ces deux angles font précifément ce
qu'on apelle, les inclinaifons ou les angles des deux
plans ; donc les deux plans forment deux angles
qui équivalent à deux droits.

Co-

COROLLAIRE. On démontrera de la même maniere que les plans qui fe coupent, forment les angles opofés au fommet, égaux, que les plans paralleles forment les angles alternes égaux, &c. &c.

PROPOSITION XCVIII.

Si une ligne eft perpendiculaire à l'un des plans paralleles, elle eft auffi perpendiculaire à l'autre plan.

F.79. SOient les deux plans paralleles LM, FG ; je dis que fi la ligne BA eft perpendiculaire au plan FG, elle eft auffi perpendiculaire au plan LM.

D'un point quelconque C du plan LM tirez au plan FG, une perpendiculaire CD ; tirez enfuite BC & AD.

DEMONSTRATION. 1. Puifque les lignes BA, CD font perpendiculaires au plan FG, les angles A, D font droits.

2. Puifque les plans LM, FG font paralleles, les perpendiculaires AB, DC font égales ; d'où il fuit que les lignes BC, AD font paralleles.

3. La ligne BA, formant un angle droit avec la parallele AD, formera auffi un angle droit avec la parallele BC ; la ligne BA eft donc perpendiculaire à la ligne BC. Nous démontrerons de la même maniere que la ligne BA forme des angles droits avec toutes les autres lignes qu'on peut tirer du point B fur le plan LM. Donc la ligne BA eft perpendiculaire au plan LM.

DES

DES SOLIDES.

DEFINITIONS.

1. LE *Solide*, comme nous avons dit, eft ce qui a de la longueur, de la largeur & de l'épaiffeur.

2. Le *Polyedre* eft un folide terminé par des furfaces planes.

3. Le *Prifme* eft un folide terminé par deux *F.87.* bafes identiques, planes & paralleles, & par des faces qui font des parallélogrammes.

4. Le *Parallélopipede* eft un prifme dont les *F.88.* bafes font des parallélogrammes.

5. Le *Cube* eft un folide terminé par fix faces *F.86.* quarrées; un Dé a jouer, par exemple, eft un cube.

6. Si de tous les points du contour d'une figure *F.92.* quelconque on éleve des lignes droites qui fe réuniffent en un même point; elles renfermeront un folide qui s'apelle *Pyramide*.

7. Le *Cilindre* eft un folide terminé par deux *F.89.* bafes qui font des cercles égaux & paralleles, & par une furface convexe.

8. Si de tous les points de la circonférence d'un *F.90.* cercle, on éleve des lignes droites qui fe réuniffent en un même point, elles renfermeront un folide qui s'apelle *Cone*.

9. Si on fait tourner un demi cercle au tour *F.91.* de fon diametre, il formera un folide qui s'apelle *Sphere*.

10. Si du fommet A d'un folide, vous abaiffez *F.96.* une perpendiculaire AB, fur le plan opofé CD, cette perpendiculaire s'apelle *Hauteur* du folide.

11. On apelle folides *Egaux*, ceux qui renferment un efpace égal, ainfi le cone ABDC & la pyramide ABFCG font des folides égaux, fi l'efpace
renfermé dans le cone eft égal à l'efpace renfermé
dans la pyramide.

12. On apelle folides *Semblables*, ceux qui font
compofés d'un égal nombre de points phyfiques,
rangés de la même maniere.

13. Ainfi la grande pyramide A & la petite
pyramide *a* feront des folides femblables, s'il n'y
a aucun point dans la grande pyramide, qui n'ait fon
point correfpondant dans la petite pyramide.

14. De forte que fi la grande pyramide eft,
par exemple, triple de la petite, il faudra que les
points dont elle eft compofée, foient trois fois plus
gros que les points de la petite pyramide. Cent bal-
les de moufquet, & cent boulets de canon rangés
de la même maniere, forment deux folides femblables.

15. Sur quoi il eft bon de remarquer que les
points phyfiques dont les folides font compofés,
ont une longueur, une largeur & une épaiffeur extremement petites ; & par conféquent les lignes
phyfiques dans les folides, ont une largeur & une
épaiffeur égales à celles des points phyfiques dont
elles font compofées.

PROPOSITION XCIX.

*La Solidité du cube eft égale au produit
de fon côté multiplié deux fois
par lui-même.*

DEMONSTRATION. 1. Soient les lignes égales
AD, AB. Faites couler la ligne AD perpendiculairement tout le long de la ligne AB, de maniere qu'elle laiffe par tout une trace d'elle-même ;
lorfqu'elle fe confondra avec la ligne BC, elle aura
formé le quarré DABC, & elle aura été multipliée
par la ligne AB.

2.

2. Maintenant concevez la ligne AF égale à la ligne AD, & perpendiculaire au plan DABC. Faites couler le plan DABC perpendiculairement tout le long de la ligne AF, de maniere qu'il laiſſe par tout une trace de lui-même ; lorſqu'il ſe confondra avec le plan MFGL, il aura formé le cube AFLC, & il aura été multiplié par la ligne AF.

3. Il ſuit de-là que pour former le cube AFLC, il faut d'abord multiplier le côté AD par le côté AB égal au côté AD, & enſuite multiplier le produit, c'eſt-à-dire, le quarré AC par le côté AF égal à AD. Ou ce qui eſt la même choſe, il faut multiplier AD par AD, & multiplier de nouveau le produit par AD.

PROPOSITION C.

Les ſolides Semblables ont les lignes homologues proportionelles.

SOient les deux ſolides ſemblables A, *a* ; & les *F.92.* lignes homologues AB, *a b* ; BG, *b g* ; je dis que AB eſt à BG, comme *a b* eſt à *b g*.

DEMONSTRATION. Puiſque les ſolides A, *a* ſont ſemblables, il n'y a aucun point dans le ſolide A qui n'ait ſon point correſpondant dans le ſolide *a*, placé de la même maniere. Ainſi ſi la ligne AB eſt compoſée de vingt points, & la ligne BG de dix, la ligne *a b* ſera auſſi compoſée de vingt points, & la ligne *b g* de dix. Or il eſt évident que vingt eſt à dix, comme vingt eſt à dix ; donc AB eſt à BG comme *a b* eſt à *b g*.

PROPOSITION CI.

Les ſolides ſemblables ſont équiangles.

SOient les ſolides ſemblables A, *a* ; je dis qu'ils *F.92.* ont tous les angles égaux.

DE-

DEMONSTRATION. Puisque les solides A, *a*, sont semblables, les faces BAF, *b a f* sont composées d'un égal nombre de points rangés de la même maniere. Ces faces sont donc des figures semblables, & par conséquent équiangles ; les angles B, A, F sont donc égaux aux angles *b, a, f.* On démontrera de la même maniere que les autres angles sont égaux.

PROPOSITION CII.

Les solides qui ont les angles égaux & les côtés proportionels, sont semblables.

F.92. SI les solides A, *a* ont les angles égaux, & les côtés proportionels ; je dis qu'ils sont composés d'un égal nombre de points rangés de la même maniere.

DEMONSTRATION. Si les solides A, *a* n'étoient pas semblables, on pourroit sur la ligne BF former un autre solide semblable au solide *a* ; or je dis que cela est impossible. Car pour former cet autre solide, il faudroit changer, augmenter ou diminuer quelque angle ou quelque côté du solide A ; & alors ce nouveau solide n'auroit pas tous les angles égaux, ou tous les côtés proportionels à ceux du solide *a* ; il ne lui seroit donc pas semblable.

PROPOSITION CIII.

Les solides semblables sont entr'eux comme les cubes de leurs côtés homologues.

F.92. SOient les deux solides semblables A, *a* ; je dis que le solide A contient le solide *a*, autant de fois que le cube formé sur le côté BF, contient le cube formé sur le côté *b f.*

DEMONSTRATION. 1. Puisque le solide A est semblable au solide *a*, il n'y a aucun point dans

le

le folide A qui n'ait fon point correfpondant dans le folide *a* ; de forte que fi le côté BF eft compofé, par exemple, de cinquante points, le côté *bf* fera auffi compofé de cinquante points ; & par conféquent les cubes formés fur les côtés BF, *bf*, feront compofés d'un égal nombre de points.

2. Supofons maintenant que le folide A eft compofé de quatre mille points, & le cube du côté BF, de cinq mille points ; le folide *a* fera néceffairement compofé de quatre mille points, & le cube du côté *bf* de cinq mille. Or il eft évident que quatre mille eft à cinq mille, comme quatre mille eft à cinq mille. Donc le folide A eft au cube de BF, comme le folide *a* eft au cube de *bf* ; & en alternant le folide A eft au folide *a* comme le cube de BF eft au cube de *bf*.

COROLLAIRE. Nous démontrerons de la même maniere que les fpheres A, *a* qui font des folides *F.93.* femblables, font entr' elles comme les cubes des rayons AB, *ab*.

PROPOSITION CIV.

La folidité du prifme droit, eft égale au produit de fa bafe & de fa hauteur.

JE dis que la folidité du prifme droit ABCD, eft *F.88.* égale au produit de fa bafe AD & de fa hauteur AB.

DEMONSTRATION. Si la bafe inférieure AD coule perpendiculairement tout le long de la hauteur AB, lorfqu'elle fe confondra avec la bafe fupérieure BC, elle aura formé la folidité du prifme ABCD. Or la bafe AD aura été répétée, autant de fois qu'il y a de points dans la hauteur AB. Donc la folidité du prifme ABCD, eft égale au produit de fa bafe multipliée par fa hauteur.

COROLLAIRE. On démontrera de la même ma-

niere

F.89. niere, que la folidité du cilindre droit ABCD, eft égale au produit de fa bafe AD & de fa hauteur AB.

PROPOSITION CV.

La folidité du prifme incliné, eft égale au produit de fa bafe & de fa hauteur.

F.93. JE dis que la folidité du prifme incliné CP, eft égale au produit de fa bafe RP & de fa hauteur CD.

F.94. DEMONSTRATION. Imaginez que la bafe NB
95. du prifme droit NA, & la bafe RP du prifme incliné PC, coulent en même tems, parallelement à elles-mêmes; lorfqu'elles arriveront en A & en C, elles auront été répétées autant de fois l'une que l'autre. Or la bafe NB aura été répétée autant de fois qu'il y a de points dans la hauteur CD; il en fera donc de même de la bafe RP. Donc la folidité du prifme incliné CP, eft égale au produit de fa bafe RP & de fa hauteur CD.

PROPOSITION CVI.

Dans une pyramide, une fection parallele à la bafe, eft une figure femblable à la bafe.

F.96. SOit une fection $c\,d$, parallele à la bafe CD; je dis que cette fection eft une figure femblable à la bafe.

Tirez AB perpendiculaire à la bafe CD; tirez enfuite BC, $b\,c$; BE, $b\,e$.

DEMONSTRATION. 1. Puifque les plans $c\,d$, CD font paralleles, AB étant perpendiculaire au plan CD, fera auffi perpendiculaire au plan $c\,d$; ainfi les triangles A$b\,c$, ABC ayant les angles b, B droits, & l'angle A commun, feront équiangles; donc Ab eft à AB comme $b\,c$ eft à BC, & comme Ac eft à AC.   2. On

2. On prouvera de même que A*b* est à AB comme *b e* est à BE, & comme A*e* est à AE. De sorte que si A*b* est le tiers de AB, *b c* sera le tiers de BC, *b e* le tiers de BE, A*c* le tiers de AC, & A*e* le tiers de AE.

3. Les deux triangles *c* A*e* , CAE ont deux côtés proportionels au tour de l'angle A qui leur est commun ; ils font donc équiangles, & ont par conséquent les côtés proportionels. Donc *c e* fera aussi le tiers de CE.

4. Il résulte de-là que les deux triangles *c b e*, CBE ont les trois côtés proportionels ; ils font donc des figures semblables. On démontrera la même chose de tous les autres triangles qui composent les plans *c d*, CD. Donc la section *c d* est une figure semblable à la base CD.

REMARQUE. Si la perpendiculaire AB tomboit hors de la base, en tirant des droites des points *b*, B, on démontreroit de la même maniere, que la section est une figure semblable à la base.

PROPOSITION CVII.

Dans une pyramide les sections paralleles à la base font entr' elles comme les quarrés des hauteurs.

SOient les sections paralleles CD, *c d*. Du som- *F.96.* met A tirez au plan CD une perpendiculaire AB. Je dis que le plan *c d* est au plan CD comme le quarré de la hauteur A*b* est au quarré de la hauteur AB.

Tirez BC, *b c*.

DEMONSTRATION. 1. La ligne AB étant perpendiculaire au plan CD, fera aussi perpendiculaire à l'autre plan *c d*, puisque ces deux plans font paralleles ; ainsi l'angle A*b c* est droit, de même que l'angle ABC ; de plus l'angle en A est commun

                    aux

aux deux triangles A *b c*, ABC ; ces deux triangles font donc équiangles. Donc le côté *c b* eſt au
côté CB, comme le côté A *b* eſt au côté AB ; &
par conféquent le quarré de *c b* eſt au quarré de
CB, comme le quarré de A *b* eſt au quarré de AB.

2. Les plans *c d*, CD étant des figures femblables, font comme les quarrés des lignes homologues *c b*, CB ; ils font donc auſſi comme les
quarrés des hauteurs A *b*, AB.

COROLLAIRE. On démontrera de la même maniere, que dans un cone, les fections paralleles à
la baſe font entr'elles comme les quarrés des hauteurs ou diſtances au fommet.

PROPOSITION CVIII.

Les pyramides qui ont une même hauteur,
font entr'elles comme leurs baſes.

F.96.
97.
SOient les deux pyramides A, F ; fi la perpendiculaire AB eſt égale à la perpendiculaire FG ;
je dis que la folidité de la pyramide A eſt à la folidité de la pyramide F, comme la baſe CD eſt à
la baſe LM. Je fupofe, par exemple, que la baſe
CD eſt triple de la baſe LM ; je vais faire voir
que la folidité de la pyramide A, eſt triple de la
folidité de la pyramide F.

DEMONSTRATION. 1. Soient les deux fections
c d, *l m* prifes à des hauteurs égales, A *b*, F *g* ;
la fection *c d* eſt à la baſe CD, comme le quarré
de la hauteur A *b*, eſt au quarré de la hauteur AB ;
& la fection *l m* eſt à la baſe LM, comme le quarré de la hauteur F *g*, eſt au quarré de la hauteur
FG ; & puifque les hauteurs font égales, la fection *c d* eſt à la baſe CD comme la fection *l m*
eſt à la baſe LM ; & en alternant, la fection *c d*
eſt à la fection *l m*, comme la baſe CD eſt à la
baſe LM : mais la baſe CD eſt triple de la baſe
LM ;

LM ; la section *c d* est donc aussi triple de la section *l m*.

2. Puisque les hauteurs **AB**, **FG** sont égales, il est clair que les deux pyramides sont composées d'un égal nombre de surfaces physiques placées l'une sur l'autre. Or on démontrera de la même maniere que chaque surface ou section de la pyramide **A** est triple de la surface ou section correspondante de la pyramide **F** ; donc la solidité de la pyramide **A** est triple de la solidité de la pyramide **F**.

COROLLAIRE. Il suit de-là que si deux pyramides ont même hauteur & des bases égales, leurs solidités seront égales, puisqu'elles seront entr'elles comme les bases.

PROPOSITION CIX.

Une pyramide qui a pour base celle d'un cube,
& qui a son sommet au centre du cube,
est égale au tiers du produit de sa
hauteur & de sa base.

SOit le cube **AM** & la pyramide **C** qui a la mê- *F.98.* me base **AD** que le cube, & qui a son sommet au centre du cube **C** ; je dis que cette pyramide est égale au tiers du produit de sa hauteur & de sa base.

DEMONSTRATION. 1. Imaginez que du centre **C** du cube on tire des lignes droites aux huit angles du cube **A**, **B**, **D**, **F**, **N**, **G**, **L**, **M** ; le cube sera divisé en six pyramides égales dont chacune aura pour base une des faces du cube, & pour hauteur la moitié de celle du cube ; telle est la pyramide **CABDF**.

2. Trois de ces pyramides seront donc égales à la moitié du cube. Or la solidité de la moitié du cube est égale au produit de sa base & de la moitié de sa hauteur ; une seule pyramide sera donc égale au tiers du produit de la base & de la moitié de la hauteur du cube, c'est-à-dire, de la hauteur de la pyramide.

PRO-

PROPOSITION CX.

La solidité d'une pyramide quelconque, est égale au tiers du produit de sa hauteur & de sa base.

F.99. SOit une pyramide quelconque RPS ; je dis que sa solidité est égale au tiers du produit de sa hauteur & de sa base RS.

DEMONSTRATION. 1. Formez à côté de la pyra-
F.98. mide RPS , un cube qui ait une hauteur BL double de celle de la pyramide. La pyramide qui aura pour base, la base du cube & son sommet au centre C , sera égale au tiers du produit de sa base & de sa hauteur.

2. Les pyramides C & P ont une même hauteur ; elles sont donc entr'elles comme leurs bases. Supofons que la base AFDB soit double de la base RS , la pyramide C fera double de la pyramide P.

3. La pyramide C est égale au tiers du produit de sa hauteur & de sa base ; la pyramide P fera donc égale au tiers du produit de la même hauteur, & de la moitié de la base AFDB, ou ce qui est la même chose, de toute la base RS.

PROPOSITION CXI.

La solidité du cone est égale au tiers du produit de sa hauteur & de sa base.

DEMONSTRATION. La base du cone peut être con-
fiderée comme un polygone d'un grand nombre de très-petits côtés ; donc le cone peut être confideré comme une pyramide d'un grand nombre de très-petites faces ; & par conféquent sa solidité fera égale au tiers du produit de sa hauteur & de sa base.

PRO-

PROPOSITION CXII.

*La solidité du cone est le tiers de la solidité
du cilindre circonscrit.*

SOit le cone BAC & le cilindre BDFC, qui ont mê- *F.*100.
me hauteur & même base ; je dis que le cone est le
tiers du cilindre.

DEMONSTRATION. Le cilindre est égal au produit
de la hauteur & de la base. Le cone est égal au tiers du
produit de la hauteur & de la base ; donc le cone est le
tiers du cilindre.

PROPOSITION CXIII.

*La solidité de la sphere est égale au tiers du produit
de son rayon & de sa surface.*

DEMONSTRATION. 1. Deux points ne suffisent
pas pour faire une ligne courbe, il en faut au
moins trois ; de même trois points ne suffisent pas
pour faire une surface courbe, il en faut au moins
quatre.

2. Si vous prenez donc trois à trois, tous les
points physiques qui composent la surface de la sphere C, elle sera toute divisée en très-petites surfaces *F.*101.
planes ; & en tirant des rayons vous diviserez toute
la sphere en petites pyramides qui auront leur sommet au centre, & qui auront des bases planes.

3. La solidité de toutes ces petites pyramides est
égale au tiers du produit de leur hauteur & de leurs bases. Donc la solidité de la sphere entiere sera égale
au tiers de la hauteur & de toutes les petites bases,
c'est-à-dire, du rayon & de la surface.

PRO-

PROPOSITION CXIV.

La surface de la sphere est égale à quatre de ses grands cercles.

SI un plan coupe la sphere en deux parties égales, la section passera par le centre & s'apellera *Grand Cercle* de la sphere.

F.102.   Soit un quarré ABCD ; décrivez le quart de circonférence BLD ; tirez la diagonale AC, la droite FM parallele à AD, & la droite AL.

DEMONSTRATION. 1. Dans le triangle ABC, à cause des côtés égaux AB, BC, les angles A & C sont égaux ; & puisque l'angle B est droit, les angles A & C seront chacun un demi droit. Maintenant dans le triangle AFG, l'angle F est droit ; & puisque l'angle A est un demi droit, l'angle G sera aussi un demi droit ; donc AF est égal à FG.

2. Le rayon AL est égal au rayon AD : mais AD est égal à FM ; donc AL est égal à FM.

3. Dans le triangle rectangle AFL, le quarré de l'hypoténuse AL, est égal aux quarrés de AF & FL, pris ensemble. Au lieu de AL mettez FM qui lui est égal, & au lieu de AF mettez FG son égal ; vous aurez le quarré de FM égal aux quarrés de FG & de FL, pris ensemble.

4. Imaginez maintenant que le quarré ABCD pirouette au tour de la ligne AB. Le quarré en tournant décrira un cilindre, le quart de cercle formera une demie sphere, & le triangle ABC formera un cone renversé dont le sommet sera en A. De plus la ligne FM formera une section circulaire du cilindre, la ligne FL formera une section circulaire de la demie sphere, & la ligne FG formera une section circulaire du cone.

5. Les sections circulaires ou cercles sont comme les quarrés de leurs rayons ; & puisque le quarré du rayon FM, est égal aux quarrés des deux rayons FL,

FG,

FG, la ſection circulaire du cilindre ſera égale aux ſections circulaires de la demie ſphere & du cone.

6. On démontrera de la même maniere, que toutes les autres ſections ou ſurfaces circulaires dont le cilindre eſt compoſé, ſont égales aux ſections ou ſurfaces correſpondantes de la demie ſphere & du cone. Donc le cilindre eſt égal à la demie ſphere & au cone pris enſemble : mais le cone eſt égal au tiers du cilindre ; la demie ſphere ſera donc égale aux deux tiers du cilindre qui reſtent ; & par conſéquent la demie ſphere ſera double du cone.

7. Le cone BSC eſt égal au tiers du produit du ra- *F.103.* yon & du grand cercle BC qui lui ſert de baſe ; la demie ſphere ALD eſt donc égale au tiers du produit du rayon & de deux grands cercles ; & la ſphere entiere ſera égale au tiers du produit du rayon & de quatre grands cercles.

8. La ſolidité de la ſphere eſt égale au tiers du produit du rayon & de la ſurface de la ſphere ; la même ſolidité eſt égale au tiers du produit du rayon & de quatre de ſes grands cercles. Il ſuit de-là évidemment que la ſurface de la ſphere eſt égale à quatre de ſes grands cercles.

FIN.

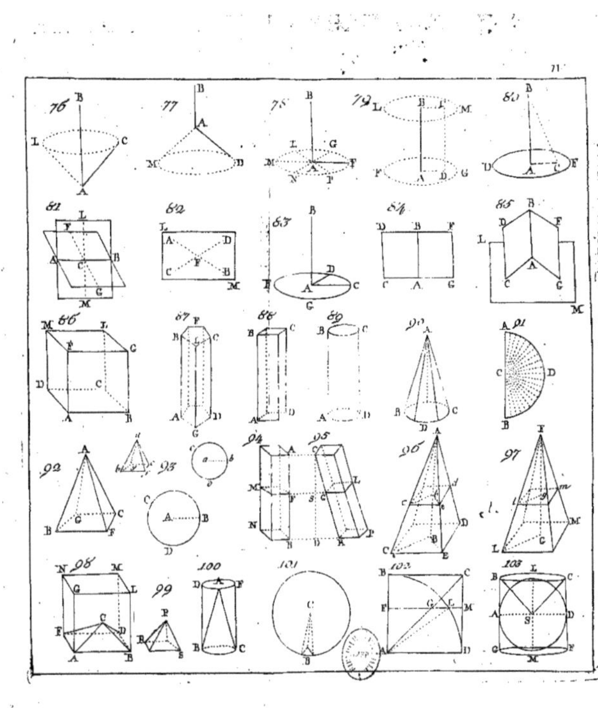

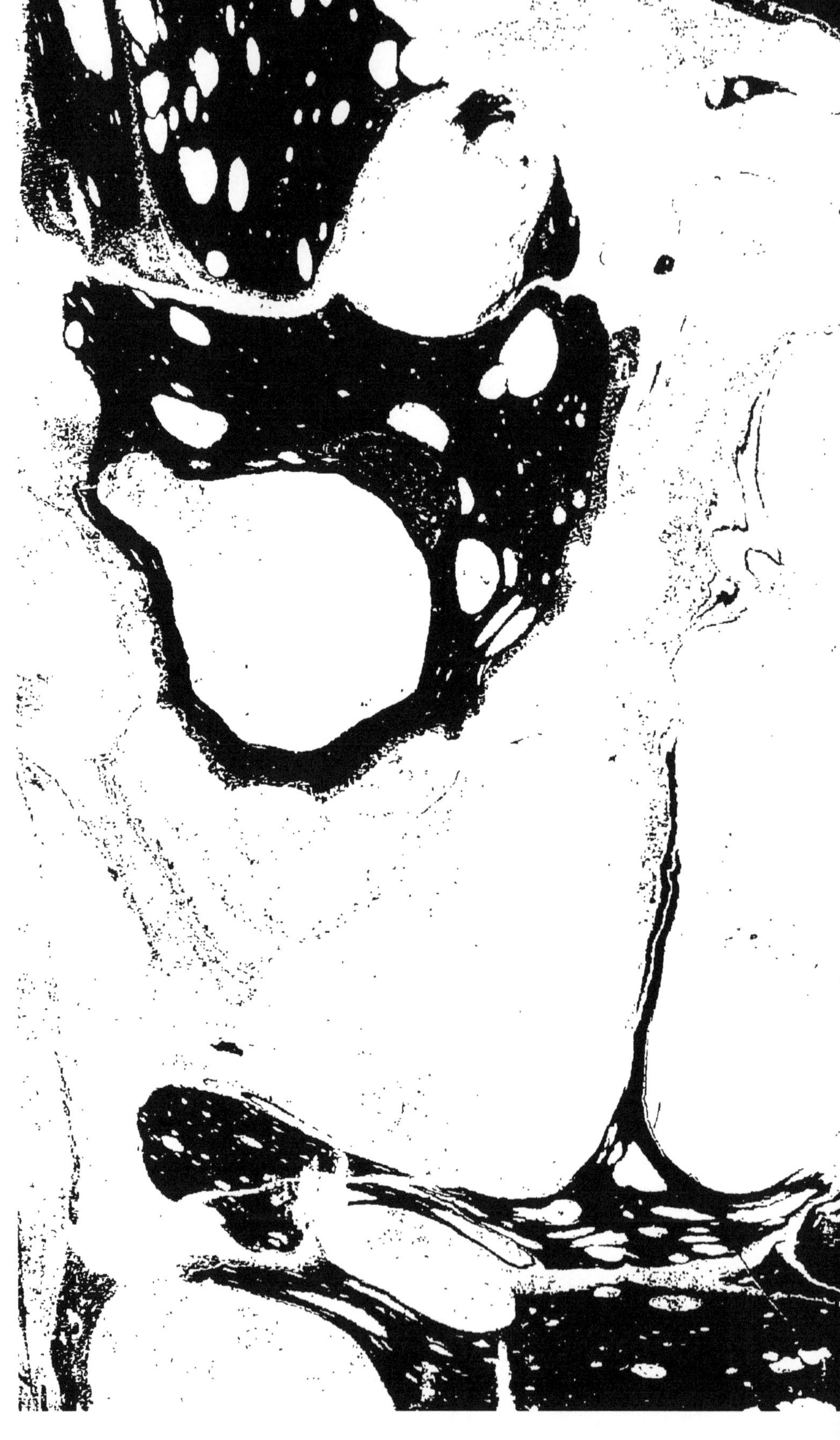

9 782016 165867